光尘
LUXOPUS

生活中的心理学

③动机与行为

王垒 著

人民邮电出版社

北京

图书在版编目（CIP）数据

　生活中的心理学. 3，动机与行为 / 王垒著. -- 北
京：人民邮电出版社，2024.1
　ISBN 978-7-115-63152-7

　Ⅰ.①生⋯ Ⅱ.①王⋯ Ⅲ.①心理学－通俗读物
Ⅳ.①B84-49

　中国国家版本馆CIP数据核字（2023）第219889号

◆ 著　　　　王　垒
　责任编辑　马晓娜
　责任印制　陈　犇

◆ 人民邮电出版社出版发行　　北京市丰台区成寿寺路 11 号
　邮编 100164　 电子邮件 315@ptpress.com.cn
　网址 https://www.ptpress.com.cn
　三河市中晟雅豪印务有限公司印刷

◆ 开本：880×1230　1/32
　印张：5.25　　　　　　　　　2024 年 1 月第 1 版
　字数：109 千字　　　　　　　2024 年 1 月河北第 1 次印刷

定价：45.00 元

读者服务热线：（010）81055671　印装质量热线：（010）81055316
反盗版热线：（010）81055315
广告经营许可证：京东市监广登字 20170147 号

序言

在当代中国社会，心理学已逐渐成为显学，迎来了有史以来最好的时代！

回首 20 世纪 80 年代初，在北京大学校园三角地的书店，只有一本心理学类图书，并且被归在哲学类图书里，孤零零的。估计很少有人问津，因为人们很难注意到它。

那时候，心理学是个冷门学科，人们甚至不知道有这么个学科，以至于如果有人选择学习心理学，会有些奇怪。当时，一位老教授对新入学的新生这样说："你们上了'贼船'了。"意思是，你们看样子是学了不能学、不该学的东西。足见当时心理学的尴尬。

在当时，学者们经常调侃，心理学现在是锦上添花，是调味品，而不是必需品。也就是说，对生活或学术来讲，它可有可无。而只有到了它成为生活的必需时，它才会成为显学。四十多年过去，终于等到了这一天！

心理学怎么就成了生活的必需品了？

当你无法欣赏生命本身，无法从生命中内生出一种力量，时时刻刻感到厌倦，分分秒秒感到苦恼，随时随地欲要摆脱，你就没有和你的生命融为一体，就是出了问题。这时就需要心理学的帮助，心理学就是必需品。

心理学是帮助我们了解人生、开启人生、高效生存、迈向幸福的钥匙。

你想快乐，你就需要心理学；你不想不快乐，你也需要心理学。

让我们来看看让心理学成为必需品的场景。

先说职场。这里压力很大。为什么有些人选择"躺平"？因为心理动力不足，因为没有目标，因为没有办法。人们必须在认知和行动上重新找到工作的意义。另外一些人则选择"卷"起来，拼了命地竞争，即使不堪挣扎也无法放弃，越"卷"越用力，以至于被卷入职场的旋涡无法自拔。这两类人同样需要心理学的拯救。

特别是，工作中人们会有这样的感受，不管自己怎么拼命努力，总得不到上司的赏识，而自己工作上出了点差错，却被上司揪住不放，被训斥，甚至被同事嘲讽，感觉遭受了职场暴力。但有时也会奇怪，你觉得别人都不行，可是眼看着那些看起来比你差的人不断晋升，活得比自己好。这是自己得了职场红眼病吗？为什么自己的人生会这样？为什么自己就不能成为自己想成为的人？这里有心态的问题，有认知策略的问题，也有生活方法的问题。心理学都能为此提供帮助。

再说婚姻关系。为什么在一些人看来，婚姻成了爱情的坟墓？一部分原因来自认知和情感的偏差。例如，最初人们在意的是对方的优点，看到的都是对方的长处，于是就越想越觉得自己需要对方，对方就是自己的另一半。但后来发生了什么？原本熟悉的长处变得习以为常，吸引力降低，你开始盯着对方的缺点看，每天想的都是对方的不足，甚至变得吹毛求疵。于是，你开始讨厌另一半，巴不得把对方甩掉。其实大多数情况下，人还是那个人，只是这段关系中彼此的认知发生了扭曲，情感也就跟着发生扭曲。所谓坟墓，其实都是自己亲手搭建的，自己刨坑把自己埋了。

再看子女教育。很多家长搞不清什么是快乐教育、什么是挫折教育，什么是惩罚教育、什么是溺爱教育，一开始的教育方式就错了，亲子关系越来越拧巴，教育适得其反。有些家长还觉得，把孩子教成了自己最讨厌的样子，白费功夫了。

你可能在商场看到过，一些孩子因为家长不给自己买玩具，就号啕大哭，躺在地上耍赖。家长大声呵斥，甚至动手，也无济于事。孩子撕心裂肺地哭喊，很是扎心。你也许会奇怪，孩子怎么会变成那样？忘了自己可能也曾是这个样子，或者自己的孩子也可能会做出类似的事情。为什么会有这样的行为呢？有什么方法避免呢？

你可能在电梯里看到妈妈呵斥上小学的女儿，嫌她不够勤奋，嫌她懒，嫌她笨，嫌她没有达到父母的要求，嫌她没有得到老师的赞扬……孩子泣不成声、无地自容。你可能会想，这个妈妈为什么会这样教育孩子？太不通情理了。你可能会怀疑，在这样的沟通方式下，孩子能过得好吗？孩子对自己满意吗？对未来的人生会是满意的吗？实际上，很多人的童年也有过这样的遭遇，或者自己也会活成这样的妈妈。为什么意识到了不好还会这样做？到底哪里出了问题？有什么办法纠正？心理学会提供帮助。

在其他场景，如在考核、考试、竞赛中，人们常常发现自己越是想避免的结果，好像越容易发生；而自己越期待的东西，越容易失之交臂。于是，生活成了烦恼的来源。

……

为了解决这些烦恼，人们积极地寻找方法，如多读书。

而心理学成为显学的标志之一就是市面上的心理学读物越来越多，彰显出心理学的繁荣。如果你去书店转转，就会发现有关心理学的图书成架成堆，令人目不暇接。在经济、文化发达的社会，心理学作为显学的表现之一是书店里有关心理学的图书数量排在前列。其他指标包括每年授予心理学博士学位的人数在各学科中排在前列，每年大学里选修心理学课程的人数排在前列。

虽然现在书店里有关心理学的通识入门图书越来越多，但仍然存在以下几个问题。

第一，一部分是学院式教科书，它们比较适合大学心理学专业的学生学习，它的好处是系统性强、科学性强，但不足也很明显：通俗性不足，与大众的关联性不多，实用性不强。对大众来说，仍有距离感。

第二，一部分虽然强调生活的关联性、日常的实用性，但要么缺乏心理学的科学支撑和严谨性，要么其心理学知识片段化、局部化，抑或只涉及某些专题，让人很难看到整个心理学的基本框架和面貌。还有些通俗读物往往注意强调个人的感悟，或者受作者个人专业领域的局限。总之，偏向于为大众介绍心理学的通识图书十分稀缺。

这使我想起很多年前看到的艾思奇写的《大众哲学》，它不厚不复杂，文字简略，娓娓道来，有故事，有生活，有知识，有哲理，通俗易懂，深入浅出。这给了我很大的启发。写给大众的心理学概论之类的图书，应该具备这样的特色，它会让人爱不释手，让大家觉得贴近生活，接地气，学而有用，用有所悟。

当然，要写这样一本书，需要巨大的勇气和相当的投入，需要下很大的决心。好几年前，先后有多个音频知识平台发来邀请，直到2021 年，帆书（原樊登读书）派出编辑小组与我商讨，先后持续了大半年。我感动于他们的执着，终于下了决心，编写、开讲"生活中的心理学"，因为做这件事实在是非常有意义、有价值。它不仅推广科学，传播知识，更能在日常生活的点点滴滴之中，帮助大众更好地、更有效地、更快乐地生活和成长。这也是我开设这门课的宗旨。

音频课播出后相当受欢迎，很快播放量就超过一百万。于是，光尘图书的编辑找到我，建议把课程的内容整理成图书出版，呈现给更多的读者，这就有了现在的《生活中的心理学》这套书。当然，我在原来音频课基础上做了相当大的修改，使它系统性更强，框架均衡，内容充实，更便于读者分门别类地吸纳知识。

下面来说说这套书的框架。

这套书共四册，呈现系统性的心理学知识，同时每个关键知识点都联系到社会生活的真实场景和应用方法。具体包括以下几大部分。

认知与理性。讲解人的认知过程，说明人是如何认识世界的，内容如下。

• 感知：我们是怎么感受世界的，有哪些感觉，各种感觉如何协调工作，我们该如何防止被感知觉欺骗？

• 专注：如何注意该注意的、忽略不该注意的，如何当心注意盲区，如何调整注意策略？

• 记忆：什么是记忆和遗忘，如何提升记忆力，过目不忘是真的吗？

• 学习：人们如何通过各种学习积累经验，有什么窍门？动物的学习和人类的学习有什么相通之处，可以借鉴吗？

• 言语：言语能力是天生的吗，有哪些自然语言，如何矫正口吃？

• 思维：如何有效思考、解决问题，如何规避思维陷阱？如何提高思维能力？逆向思维、镜像思维、延展思维是怎么回事？

• 想象与创造力：如何锻炼想象力，如何凭借有限想象力想象无限的事物？有哪些能更好地发挥创造力的策略？

情绪与情感。例如各种基本情绪，如喜、怒、哀、惧，以及复杂情绪，如焦虑、傲慢、嫉妒、抑郁都有什么特点？情绪的调节方法有哪些？情绪与情感的区别是什么？负面情绪有哪些积极作用？如何才能更快乐？幸福的密码是什么？如何摆脱焦虑和抑郁？

动机与行为。人们的各种行为动力来源是什么？本能、需要、驱力、意志如何渗透在我们的日常生活行为中，为我们提供何种行为动力？为什么有人暴饮暴食，有人却厌食；为什么有人常立志、有人立长志？成就动机怎么来的？不满意的反面为什么不是满意？鱼和熊掌如何兼得？如何提高内在动机？为什么有人为财死，而有人对理想至死不渝？

性格与人际关系。人的气质和人格是什么，有什么关系和区别？为什么有的人很有耐性，有的人却很暴躁？有的人很执着，有的人很懦弱？文艺作品中那么多栩栩如生的人物，如何解读他们的主要性格？他们为我们的日常生活提供什么样的指南？还讲了生活中的各种关系，如亲密关系、夫妻关系、婚恋关系、亲子关系、同事关系、上下级关系、邻里关系。人如何理解这些关系中的心理？如何在各种关系中游刃有余地应对？如何更好地经营这些关系，让生活更有质量？

这些内容涉及生活的各个层面，力求做到内容丰富又详略得当。

这套书的另一个特点是"新"。我选用了不少 2020 年以后最新的心理学发现，它们大多都还没有进入学院式教科书。大家可以由此看到心理学最新的进展，以及它如何深入我们生活中的方方面面，先睹为快。通过读这本书，你很有可能比心理学专业的本科生更早知道一些内容。

特别是，我选取了多篇 21 世纪《自然》(*Nature*)、《科学》(*Science*)这类顶级科学期刊上发表的心理学相关研究，为读者做了解读，使大家能够更好地了解心理学如何以相当简明但严谨的方式去剖析非常深刻复杂的现象，领略科学的风采。

为了帮助大家读好这本书，这本书的构造强调三个组成要素：一是知识内容，告诉大家具体的心理学原理；二是生活应用，告诉大家如何将心理学知识用于自己的生活；三是深刻和高度的提炼，从而更好地指导生活。你会看到，每个章节都贯穿这三个要素。特别是第三个要素，也就是知识凝练，我专门为大家写作了一些总结性的话语，把心理学的智慧提升起来，沉淀下来，凝聚出来。

总之，这是这样的一套心理学图书：

- 它是写给普通人的心理学教科书，写给学生的通识读物。

- 它是比教科书更通俗易读的心理学通识图书，比通俗读物更科学丰富的教科书。

- 它把科学讲进故事，把故事讲出科学。

- 它是不费力气也能读下来的教科书，花点儿心思就能上手的实用指南。
- 它使你不再觉得生活很累，为你增添许多人生智慧。

希望你不是真的因为生活有很多困惑或纠结才来看这本书；但如果你生活中真的有些困惑或纠结，那你一定要来看这本书。送你一句话：放下拿不起的，拿起放得下的。

感谢帆书的舒从嘉、殷紫云，他们坚持不懈的努力，直接促成了我下决心写音频课的讲稿，并在我随后每一期的音频课讲稿的写作中，给予了很多有价值的建议和意见。感谢我的学生郑清、马星、贾浩哲，他们在我的课程讲义的写作中承担了部分文献和素材的整理工作。感谢光尘文化传播有限公司的王乌仁，以及人民邮电出版社的各位朋友，他们对课转书的定稿提供了许多建议和意见。他们的耐心和专业精神尤其令人敬佩！

王垒

于北京大学

目录

第一章

动机

第一节　什么是动机

简单来说，动机指行为的原因，心理学家给它下的定义是"发动、指引和维持躯体行为和心理活动的内在原因"。西格蒙德·弗洛伊德（Sigmund Freud）认为：所有的行为都是有动机的，每一种行为都有其目的和原因。动机的这些定义可以用来解释人们的各种行为。比如，戒烟是为了养成良好的生活习惯，让身体保持健康；努力学习、工作是为了学业有成、实现个人价值……当然，也有与行为直接相关的动机，如玩游戏是因为它可以带来愉悦感；画画是因为享受绘画的过程；有人因为高兴才唱歌跳舞，而不是为了让自己高兴才唱歌跳舞；等等。

此外，还有一些概念也与动机息息相关。

本能

有一类行为倾向或行为方式是不需要通过学习获得的，人和其他动物天生就有，它是由生物的遗传方式决定的，这种行为倾向或行为方式就是一种"本能"。

本能是为了使人类和动物能够事先准备好某种方式或力量，以便更好地生存。因此，本能是生物进化的产物，它可以解释人类与其他动物很多行为产生的原因。

动物具有大量的本能行为，比如我们熟悉的蜘蛛结网、蜜蜂采蜜、桑蚕吐丝、老鼠打洞等。本能行为经过了大自然的选择和漫长的演化。动物事先储备了这些行为或能力，当需要时可以直接做出这些行为或发挥这些能力，不需要再经过后天学习。

人类也有很多本能的行为。虽然人们经常说，刚出生的婴儿就是一张白纸，但事实并非如此。婴儿在出生的那一刻就已经展现出很多本能行为。比如，将新生儿以俯卧的姿势放入水中，他会很自然地做出游泳的动作，非常协调；用手轻轻触摸婴儿的脸颊，他会转过头来用嘴吸吮你的手指，这叫吸吮反射；用手指轻轻触摸婴儿的手心，他会马上握紧五根手指攥住你的手指，这叫抓握反射；伸出一根手指，在婴儿眼前慢慢移动，婴儿的眼珠会随你的手指移动，这叫视觉追随。这些都是人类的本能反应。在婴儿刚出生时，医生通常会检测婴儿的这类行为，目的就是看看婴儿的生理发育是否正常。

需要和内驱力

当生物体内的生理平衡被破坏时，如缺氧、缺水、缺能量等，生物就会补偿所需物质或能量，让自己回到平衡状态，如缺氧时产生呼吸的需要、渴了产生补水的需要等。在心理学上，这种解释行为原因的概念就被称为"需要"。

当然，需要不局限于生理的平衡。随着人的社会化发展，人们的需要会逐渐超越一般的生理范畴，拓展至各种复杂的社会生理需要。比如，有的人特别需要家人的爱、良好的人际关系，有的人特别需要自尊，有的人特别需要成长的动力，等等。

一旦某种需要被识别，机体就会被唤醒，从而引导人们做出那些有目的、能够满足需要的行为。这种被唤醒的动力状态就叫作"内驱力"，它能驱使人们采取行动，以恢复生理平衡。比如，人在饥饿的时候会产生补充能量的需要，这种需要就会唤醒机体，驱使人们马上采取摄食行为。这就是内驱力的作用。

不过，有时需要和内驱力并不是完全一一对应的，比如我们常说的"废寝忘食"就是虽然身体感觉饿了，但是并没有产生摄食行为内驱力。

诱因

诱因也是激发动机的一个重要条件。所谓诱因，就是能够激发有机体的定向行为，并可以满足某种需要的外部条件或刺激物。简单来说，需要和内驱力来自躯体内部，而诱因来自躯体外部。比如，饿的时候看到食物，渴的时候看到水源，都会使人们产生高水平的内驱力，驱使人们去摄取食物和水。

但是，有些外部刺激也可以在人们没有需要的时候诱发行为。比如，当你的面前放着一块美味的巧克力或一盒冰激凌，你可能会垂涎欲滴，哪怕这时你并不饿，没有饮食的需要，但还是很想吃它。

不过诱因本身很难解释复杂的心理现象，它需要与其他机制结合起来才能发挥作用。在动机形成的过程中，需要与诱因是紧密相连的。需要往往比较隐蔽，是支配有机体行为的内部原因；诱因是与需要相联系的外部刺激物，它会诱发有机体的活动，并使需要产生获得满足的可能。

意志

意志也是一个与动机有关的基本概念，它是指有意识地去克服困难，为达到一定目的而发动行为的力量。

通常情况下，饿了就吃、渴了就喝、困了就睡，这些都属于生物的本能行为，不需要靠意志努力就能做到，但有些行为则需要付出强大的意志努力才能克服困难、实现目标，如攀登高山、攻克科学难关等。

所以，我们也可以这样理解：本能是动机的原始心态，意志则是动机的一种高级心态。人们在学习、工作时经常会遇到困难，这时就需要以强大的意志力来克服困难，达成目标；而意志也是使人不断成长、获得成就的重要行为力量，我们需要在生活中不断培养意志力。

如果要总结一下本能、需要和内驱力、诱因、意志这4个概念的区别和作用，我们可以用吃饭这件事做个形象生动的类比：吃饭是一种本能，不需要后天培养；但是，有的人饿了也不想吃，这就是有需要但没有内驱力；而有的人不饿也想吃，原因是饭菜这样的诱因太有诱惑力；虽然吃饭是一种本能，但有的人想节食，这就要靠意志。

除了吃饭，以下例子也可以体现本能和意志的区别和作用。比如，会走路是本能，但每天想走一万步，就要靠意志；学习可以靠本能的探索欲来驱动，但想达成相当的成就，就要靠意志来驱动。

由此可见，动机泛指行为的原因，而本能、需要和内驱力、诱因、意志则用来解释特定情况下的行为。理解了这些概念，我们就可以更好地理解人们各种各样的行为了。不过，即使是同一种行为，不同的人也可能会呈现不同的状态，这主要与动机的强度有关。

第二节　动机的强度

虽然动机是一个看不见、摸不着的概念，但是，聪明的心理学家很早就想出了很多巧妙的方法来测量动机的强度。

20世纪20年代，哥伦比亚大学的心理学家设计了一个实验，测量老鼠各种动机的强度。他们先制作了一个实验装置，叫作"障碍箱"，箱子中间有个可以通电的铁栅栏，它将箱子隔成两个部分。接下来，心理学家把老鼠关进箱子的一侧，而在另一侧放入不同的刺激物，如食物、水、异性老鼠、老鼠的幼崽。然后在这4种刺激物的刺激下，分别观察老鼠有多强的意愿穿越铁栅栏到达箱子的另一侧。同时，老鼠每次试图穿越铁栅栏时都会触发电击。接着就可以观察，在受到电击时，老鼠是否仍然有强烈的意愿穿越铁栅栏到另一侧去获取食物和水，接触异性老鼠和自己的幼崽。实验装置可以自动记录老鼠每天在各种刺激下试图穿越铁栅栏受到电击的次数，这个次数反映了老鼠各种动机的强度。

实验结果表明，当箱子的另一侧是食物和水时，在老鼠因饥渴而产生强烈的生理需要时，其动机水平会迅速提升——试图穿越铁栅栏而遭受电击的次数迅速增加，并且动机水平很快就达到峰值。但是，当老鼠发现总是遭到电击时，其试图穿越铁栅栏的次数就会逐渐减少。

这意味着，老鼠想要通过铁栅栏到达另一侧的动机水平下降了。

但是，与饥渴的生理需要相比，老鼠的求偶动机和母爱动机更加强烈，其试图穿越铁栅栏受到电击的次数很快达到峰值，并且表现得十分执着，试图穿越后受到电击次数的高峰持续存在，没有明显下降。这说明，饿和渴是可以忍受的，进食欲望可以压抑，而求偶欲望、母爱欲望是不能压抑的，哪怕会因此遭受电击。其中，母爱动机最为强烈，不会因为遭遇困难和打击而减弱。老鼠宁可冒着被电击的危险，也要不停地穿越铁栅栏进入另一侧。这种不断克服困难以达到自己目的的行为依靠的正是意志。

这个实验巧妙地对老鼠不同类型的动机强度进行了测量，并且有效地区分了老鼠不同类型动机的强弱变化，为研究生物的动机提供了科学的方法和解释。

动机的另一种量化方法是剥夺。比如，停止给动物喂食一段时间，如数小时或数天。显然，停止喂食的时间越长，动物的饥饿程度就越高，其为获取食物采取行动的内驱力就越强，动机水平也会越高。

采用上述不同的方法，我们可以探究人与动物的一些特殊动机。比如，有实验发现，即使是动物也会有探索新环境的动机。在上面的"障碍箱"实验中，心理学家把老鼠关进箱子的一侧，而在另一侧没有任何东西时，即使会遭到电击，老鼠仍然会试图穿越铁栅栏。这表明，老鼠有一种好奇心，有想要到另一侧去看一看、转一转的欲望。

在另一个实验中，实验人员剥夺了老鼠的食物和水，让它处于饥渴状态，然后将老鼠放到一个它从来没到过的新环境中，里面放有充足的食物和水。这时，老鼠虽然又饿又渴，但并不会立刻进食和喝水，而是会先探索这个新环境，然后满足生理需要。这个结果表明，老鼠有探索新环境的猎奇动机——好奇心。而且，这个需要可能比它们对食物和水的需要更高级、更想要优先获得满足。

了解了动机和它的强度后，我们就可以探索很多行为背后的原因和规律。但这里有一点要注意，并不是行为的动机越强，行为效率就越高，二者之间不是线性关系，而是遵循一个名为"耶基斯 - 多德森"的定律。

美国心理学家罗伯特·M. 耶基斯（Robert M. Yerkes）和他的学生约翰·D. 多德森（John D. Dodson）在最初研究动机与学习效率的关系之前，认为高强度的动机会带来更高的学习效率。为了验证这一想法，他们用猴子做了一个动机实验。

他们将一群猴子随机分成不同的组别，然后让猴子饿一段时间，但有的组的猴子只被饿了小半天，有的组的猴子被饿了大半天，还有的被饿了一天、两天甚至三天。接着，他们把猴子关入带栅栏的笼子里，在笼子外放着一把香蕉。香蕉的位置距离笼子有点远，猴子的胳膊不够长，够不到香蕉。在笼子外的另一侧，也就是与香蕉相反的方向，放了一根棍子，猴子虽然够不到香蕉，但一伸手就能够到棍子。只要猴子拿棍子去够香蕉，很容易就能拿到香蕉。他们想观察一下，这些猴子被关进笼子后，需要花多长时间才能想到用棍子够香蕉。

结果，他们发现了一个有趣的现象：那些挨饿时间很短、本身不怎么饥饿的猴子，解决问题的效率很低，过了很久才想到拿棍子去够香蕉；饿了很长时间，已经饥肠辘辘、饥饿难耐的猴子，解决问题的效率也很低，还总是做无效动作，比如使劲撞笼子或者掰笼子的栅栏，直勾勾地盯着香蕉看，而不是动脑筋去够香蕉，行为僵化刻板；而那些比较饿但不是非常饿的猴子很机灵，发现自己某些行为无效后会安静下来，仔细观察四周，随后便拿起棍子去够香蕉，解决问题的效率最高，花费时间也最短。

这个实验结果说明：动机太弱时，解决问题的意愿就不强烈，解决问题的效率也很低；动机过于强烈时，解决问题的效率也很低，因为太在意结果、急于求成，导致心浮气躁，消极情绪泛滥，观察不到有利信息，思维不灵活，而且总为无法解决问题而烦恼，这会消耗大脑的认知加工资源，导致智力活动效率降低；只有当动机处于中等或适当水平时，解决问题的效率才最高。

从以上现象得出的结论被称为耶基斯－多德森定律。如果我们画一个随饥饿程度变化的解决问题的效率曲线，就会得到一个倒 U 形曲线，它可以用来说明耶基斯－多德森定律，如图 1-1 所示。

这一现象也印证了一句古老的格言："欲速则不达。"它同样适用于我们的生活、学习和工作。当遇到困难时，如果我们感觉当下没有很强的动机去克服困难，在时间允许的情况下，不妨先将其搁置一会儿，直到有足够的动机去解决时再行动，这样反而能更快顿悟并克服

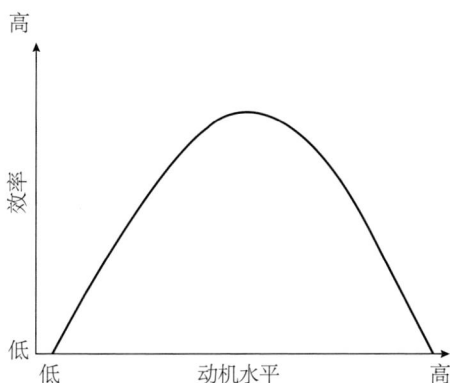

图 1-1 倒 U 形曲线

困难。当有一个问题亟待解决、急得火烧眉毛时，我们也不妨暂停一下，意识到此时不应因心急而贸然行动，而需要冷静思考，这样我们解决问题的效率才会提高，我们也更容易得到满意的结果。

　　总之，动机可以带来行动，但动机太强，人太急功近利，反而不容易称心如意，也就是"欲速则不达"。反之，有动机，动机又不是特别强烈，这时人往往最清醒，行动效率也最高，也更容易接近自己的目标。所以很多时候，不是你越努力，越下苦功，就能越快得到结果；让自己保持平常心，慢慢来，坚持努力，效果反倒更好。

第三节　需要层次和巅峰体验

人的所有行为都出自某种动机，人不可能没有目的地做出无意义的行为。比如，我们每天要吃饭，目的是填饱肚子，维持身体健康；我们交朋友，目的是摆脱孤独，获得支持；我们想在假期来一场说走就走的旅行，目的是放松心情，获得愉快的体验……这一切行为或想要做的事、想要实现的梦想，都体现了人的动机。

那么，人趋向于做任何事的动机源于哪里呢？

心理学家认为，它源于人自身的需求。换句话说，人做任何事的动机或目标，都是为了满足内心的某种需求。人的一切行为动机也都是由自身需求决定的。

了解了这一点，我们再来思考下面几个问题。

- 都说"人为财死，鸟为食亡"，真的是这样吗？
- 《水浒传》中的好汉为什么都要上山聚义？
- 关羽为什么要千里走单骑，"过五关，斩六将"？
- 韩信为什么愿意受胯下之辱？
- 唐僧为什么要费尽心力去西天取经？
- …………

心理学家提出不少动机理论来解释这些行为，而用人本主义心理学家亚伯拉罕·H.马斯洛（Abraham H. Maslow）的需要层次理论来解释它们，最为形象生动。

马斯洛是美国著名的社会心理学家，是人本主义心理学的主要奠基人，还是积极心理学最早的倡导者，主张研究人的积极品质。

人类的基本需要层次：需要的金字塔

有一档百科探秘类节目叫《走进非洲》，其中有一集讲的是两位野外生存专家在非洲的原始森林中24小时滴水未进，且在周围没有水源的情况下成功生存下来的故事。当两位专家饥渴难耐、快要脱水时，他们忽然在森林中发现了一些大象的粪便，于是就把大象的粪便中的水挤出来饮用，为身体提供水分。这里需要说明一下，大象的粪便中含有大量水分，且细菌很少，专家在野外极度缺水又找不到水源时，挤一挤大象的粪便就可以获取救命的水分。

两位专家在节目中互相开玩笑。一位专家说："怎么才能体面地喝大象粪便中的水呢？"另一位则回答："我想象不出来，求生本来就不是一件体面的事。"

的确，生存是最基本的需要，如果连最基本的需要都无法满足，体面就真的是奢侈品了。

相对于其他动物来说，人类的需要更复杂，可以分为几个层次。

在了解人类需要的层次前，我们再来看看下面 5 句话，并请你认真想一下，哪句话是你在当下最看重，同时也是最符合你的情况的。请你按照重要程度从高到低为其排序。

- 我总担心诸如饮食、空气和水的质量一类的问题。
- 我总想避开危险的事。
- 我希望有人关心我的生活。
- 我的自尊心很强。
- 我总想做出卓越的成就。

以上 5 句话所反映的就是人的几种不同的需要层次。我们最先选择的往往也是最关心的问题，同时也是我们目前最在意的需要。

马斯洛通过大量的观察和分析指出，人类的行为动机就来源于以上这一系列需要。总结起来，这些需要大致可分为 5 类，而且这 5 类需要拥有递进关系。以上 5 句话对应了 5 个层次，它们构成了一个需要层次金字塔，如图 1-2 所示。

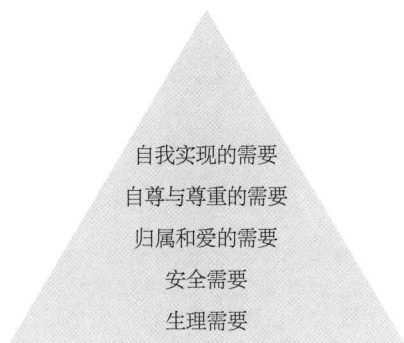

图1-2 马斯洛的需要层次金字塔

第一层次：生理需要

所谓生理需要，是人类所具有的一种内驱力，人类依靠这种内驱力去获得最基本的条件以维持生存。比如，人类需要保持身体内外环境的平衡，为此需要空气、水、盐、糖、蛋白质、脂肪、各种矿物质与维生素等，以及其他保持身体的内外环境平衡的必要条件，如保持体温正常需要衣服和住所。所以，生理需要就是关乎人的最基本的衣食住行的需要，如果这些需要不能被满足，人类就无法生存。

比如，人长期处于饥饿的状态时就会被饥饿控制，就会全力以赴地去解决饥饿问题，从而对其他任何东西都不感兴趣。从这个意义上来说，"人为财死，鸟为食亡"并不是谬论，它反映的是第一层次的生理需要，但它只有在人的生理需要没有得到满足时，在人吃不饱肚子时，才是事实。因此，满足人的生理需要其实就是保障人的最基本的权利。

第二层次：安全需要

安全需要是包括寻求安全、稳定、依赖、保护，免受惊吓、焦躁和混乱的折磨，以及对秩序、法律的需要等一大类需要的总称。

安全经常受到威胁的人就会认为这个世界是充满敌意、威胁和不安全的，由此影响其世界观与人生观的形成，他们甚至因此怀疑整个世界，并对世界产生敌意，做出一些反社会行为。

我们在婴儿的身上可以很清楚地看到他们对安全的需要。比如，婴儿都喜欢安稳的节奏，当他们躺在母亲的怀里，听到母亲非常有节律的心跳时，就会有一种安全感和秩序感。相反，如果父母总是给予孩子不公平的惩罚，或夫妻之间经常闹矛盾，都会令孩子感到焦虑和不安，使他们觉得这个世界不可靠、不可预期，也容易让他们形成不健康的人生观和个性特征。

同样，成人也希望社会平稳运转，一切都稳定健全，没有犯罪、动乱、瘟疫等。稳定的社会环境能给人带来安全感，比如人们购买各种保险就是希望获得安全感。同时，人们也偏爱熟悉的而非不熟悉的事物，偏爱已知的而非未知的事物，这些都体现了寻求安全感和稳定性的需要。

从这个意义上讲，工作机构和整个社会为人们提供健全的规章制度，对防止意外、紊乱、无序等都具有很重要的心理意义，因为规则和秩序可以为人们提供安全感和控制感。

在《水浒传》中，许多人物之所以上了梁山，都是被逼的。因为社会动荡、生活不安，他们甚至连命都保不住，在这种情况下，只能上山聚义。上山聚义满足了他们的第二层次需要——安全需要。

第三层次：归属和爱的需要

归属和爱的需要是指人们能够付出并接纳爱，以及对一个群体认同和被群体接纳的需要。如果不被爱、不被接纳，人就会产生强烈的孤独感，感觉自己被抛弃和被拒绝，从而产生巨大的痛苦。

归属感是非常多样化且广义的，可以是对家庭、家族、社区而言的，也可以是对同伴、同学、同事，乃至对整个国家、社会、民族而言的。简而言之，归属感就是要获得群体的接纳和认可，维系人际关系。我们熟悉的古诗句"西出阳关无故人""海内存知己，天涯若比邻"等，说的都是人际关系中归属感的重要性。

所以，不论家庭、学校还是工作机构，都应该给人提供一种归属感，提供爱和关怀，这是人们重要的心理需要，也是人们努力学习和积极工作的重要动机。

关羽千里走单骑，"过五关，斩六将"，其实就是对"桃园结义"的归属感，这份归属感支撑起他的行为准则和价值观，任何诱惑和阻碍都无法改变他。由此可以看出，归属和爱的需要作为动机可以产生多么强大的内驱力。

第四层次：自尊与尊重的需要

自尊的需要是指人们想要获得对自己稳定的、较高的评价的愿望。它包括自尊和获得他人尊重。其中，自尊主要指拥有某种能力、优势或成就；而获得他人尊重指的是获得声望、名誉、地位、影响力等。

自尊的需要一旦得到满足，人就会感到自信，觉得自己在这个世界上是有价值、有力量、有能力、有用处的；否则就会产生自卑心理，感觉自己渺小或无能。"人活一张脸，树活一层皮"，说的就是人们对自尊的需要。

需要注意的是，稳定、健康的自尊是建立在当之无愧、实至名归、他人的尊重之上的，而不是建立在虚假的奉承之上的。因此，自己努力才是自尊的重要来源，靠遗传和传承是体验不到真正的自尊的。

韩信当年为何愿意受胯下之辱？那些市井无赖之徒认为侮辱韩信可以让自己变得高大，殊不知韩信根本不把这件事当回事，他心中追求更大的事业，知道自己真正要的是什么，因此不屑与市井无赖争一时之高下。自己看得起自己，内心坦荡，才是真正的自尊。换句话说，韩信恰恰是因为有稳定、健康的自尊，立足长远的人生目标，才不会贸然动杀心。

第五层次：自我实现的需要

自我实现的需要也是人们最高层次的需要，它是指人们有一种最大限度地发挥自我潜能和实现自己所能达到的成就的愿望。用马斯洛的话来说，就是"一个人逐渐成为独特的人，成为他能够成为的一切"；用当下通俗的语言来说，就是"活出精彩""活出极致""活出巅峰体验"。

用巅峰体验可以解释唐僧前往遥远的西天取经的行为——他克服了重重困难，历经十余载，最终取得真经，实现了心中的理想：研究佛经，弘扬佛学。由此，唐僧实现了自己的第五层次的需要——自我实现的需要。

从生理需要到自我实现的需要，它们是逐层递进的，组成了一座金字塔。需要的级别越高，付诸实践需要花费的时间也越多。而在需要逐渐升级的过程中，人也会不断成长、进步，所以这个理论也清晰地诠释了在一个人的成长历程中，动机不断发生转变、不断升华的过程。

巅峰体验：人生的华彩乐章

马斯洛认为，人在自我实现的过程中可以产生一种所谓"巅峰体验"的感觉。

什么是巅峰体验？用杜甫的诗句形容，就是"会当凌绝顶，一览众山小"的感觉。此时人会产生一种从未体验过的兴奋与欢愉的感觉，这种感觉犹如站在高山之巅，是一种"感受到发自心灵深处的战栗、欣喜、满足、超然的情绪体验"。

有人可能会说，自己从未有过这种体验。对此马斯洛指出，巅峰体验需要一定的条件，"自我实现的人"更有可能产生巅峰体验。因为处于这一阶段的人会产生一种个人发展的需要，而且他们不会像大多数人那样，经常受到焦虑、挫折的折磨，对现实有诸多不满和曲解。自我实现的人通常会有一系列重要的心理特征。

我们以李大钊的做事态度为例描述一下自我实现者的心理特征。

（1）真实，真诚，不虚伪，有自己的鉴赏力和判断力。

李大钊曾经东渡日本，但他并不是为了一纸文凭，而是为求得真才实学。回国后，北京大学聘请他担任教授，他却谦虚地说："我没有文凭，也没有实际的教书经验。"但蔡元培和陈独秀却这样评价他："他富有学识和对青年的感召力。"

（2）接纳生活，能够坦然、快乐地面对生活。

在李大钊小的时候，按照当地早婚的风俗，家里为他娶了一个目不识丁的童养媳。但是，李大钊在成年后并没有嫌弃自己的结发妻子。两人真诚相待，日子过得非常开心。

（3）主动探究，有使命感和责任感，淡泊名利。

李大钊一生都在探求真理，并以民族复兴为己任，救国家于危亡之际，救百姓于水深火热之中。

（4）有自我超越感，精力高度集中，有奉献精神，对事业忘我投入。

李大钊归国后几乎将所有精力都投入事业。他创办各种报纸、杂志、社团，举办各种演讲、集会、培训活动等，可谓有着超人的精力，废寝忘食，把自己都奉献给了事业。

（5）既讲究实际，又像是生活在诗歌的境界里。

李大钊十分关心工人的生活，经常把自己的工资拿出来改善工人的生活，同时又以《青春》这样热情洋溢的诗篇激发广大青年向上的理想和热情，鼓励他们憧憬未来。

（6）友善而尊重他人，有健康的人际关系。

无论对年长者，还是对年轻一辈，李大钊都真诚相待，友善尊重，李大钊是个值得亲近的人。

（7）具有很强的道德感和是非观念，很少纠结和自相矛盾，只做正确的事。

李大钊始终坚守自己的信念，对看准的道路绝不犹豫，始终坚守自己的信仰，为此，他义无反顾、矢志不渝，为了维护原则而视死如归。

通过上面的描述可以看出，李大钊有着优秀的品格和远大的理想，同时他忘我地坚守着自己的信仰，是真正的青年导师，更是推动社会进步的楷模。他一生都在不断地追求自我实现，比普通人更容易产生巅峰体验。

马斯洛曾说，巅峰体验"无法用言语描述清楚"，但这并不意味着未达到自我实现阶段的人就不能产生巅峰体验。马斯洛承认，有些还未达到自我实现阶段的人也可能产生这种体验，只是从总体上来说，健康的状态更容易激发巅峰体验。

我们身边那些优秀的、成功的人都可能产生巅峰体验，而更多的巅峰体验又会进一步促进他们的事业发展和价值实现，使他们表现得更加活跃、乐观、自信。从这个角度来说，巅峰体验可以促使我们的人生进入一种良性循环，激励我们不断追求自我实现。

卓越就在你身边，每个人都可以变得卓越。

由此可以看出，人的动机先于行为，没有动机就不会产生行为。为了满足某种需要，人会产生某种动机，继而做出某种行为。在马斯洛看来，人的需要是按层次逐级递升的，只有满足了维持自身生存的最基本需要后，才会有产生追求更高层次需要的动机。马斯洛的需要层次理论在一定程度上反映了人类行为和心理活动的共同规律：好的体验越多，越容易激发强烈的成长动机，促使人们不断通往自我实现的道路。

第二章

内在动机和外在动机

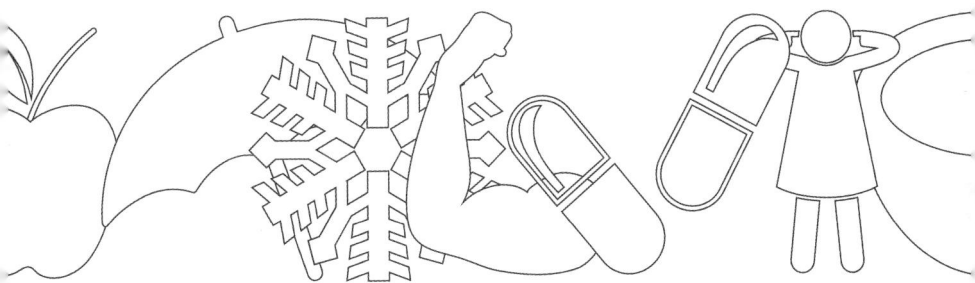

第一节　内在动机

在了解内在动机之前，我先讲个小故事。

有一次，我在一所大学的体育馆里看到一群小朋友在学打篮球。他们大多是小学生，还有几个幼儿园的小朋友。孩子们身高、体形各不相同，在定点投篮时，姿势也不太标准，大部分都投不进球，有的甚至连球都扔不到篮筐那么高，但都在很努力地投篮。教练站在一边，一个劲儿地给大家加油助威，但是并不指点孩子们的投篮姿势。

我有些好奇，就问教练："有些孩子投篮姿势不对，为什么不纠正他们一下？"

教练笑着回答："孩子们还小，个子不高，力气不大，投不好很正常。等他们长高了，自然就会了。如果这时太在意他们的姿势，去纠正他们的每一个错误动作，他们就容易产生挫败感，甚至会放弃学打篮球。这么小的孩子打篮球，重要的是培养兴趣，只要他们喜欢打篮球、玩得开心就好。"

教练几句朴实的话恰恰道出了一个重要的心理学原理：在孩子学习新事物时，应先注重培养孩子的兴趣，让孩子喜欢它、热爱它，这样孩子自然会有动力坚持学下去，并且自己会想办法越学越好。如果一开始太在意结果，而不注重培养兴趣，最后反而可能得不到想要的结果。

所以我看到，一场训练整整两小时下来，孩子们都满头大汗，虽然很辛苦，但都很开心。他们不只是在学打篮球，而是在"收割"快乐。他们发自内心地喜欢这项运动，开开心心地来上课，开开心心地回家，家长完全不用催着他们来学打篮球。

这种能够驱使孩子们自觉来上课和学习的动力，在心理学中被称为"内在动机"。内在动机也叫内源性动机或内生性动机，它的意思是说，一个人行为的动机或目的的来源是行为本身，他是因为喜欢这件事才去做的。所以，内在动机是为了做事而做事，做事本身就是目的，同时也是一种享受。

孩子最早开始学习时，往往都是以内在动机为主导的，他们喜欢的是学习这件事本身的形式和过程：有自己的书桌，有自己的书包，有自己五颜六色的文具和书本，开始掌握知识，让自己懂得越来越多……总之，他们喜欢的是学习本身的形式和过程，并能在这个过程中体会到快乐。这就是学习的内在动机。

在工作中也是一样。有些人喜欢工作，他们喜欢的也是工作本身的形式和过程：喜欢工作带来的挑战，因完成有难度的任务而获得乐趣，感到自己在成长。对他们来说，工作就是生活的一部分，工作与生活不可分割。这些人就具有很强的内在工作动机。

大量心理学研究表明，内在动机很强的人无论在学习中还是在工作中都会非常自觉。他们喜欢从事这样的活动，也热爱这样的活动，可以从中体会到生活的意义；他们也会对自己所从事的学习和工作负责任，会认真钻研，乐此不疲，并希望做得越来越好。这就叫作"追求"。

幸福不在于你达成了什么目标，而在于你是否欣赏这个目标，并享受达成这个目标的过程。

同时还有研究表明，内在动机强的人在学习和工作中更倾向于坚持，不需要别人操心，遇到困难和挫折也不会轻易放弃；他们更有毅力，也有更强大的心理承受力，他们最终取得的成就、绩效也更好。因为他们做的都是自己喜欢的事情，无论做什么都是一种享受。

我国第一位进入太空的宇航员杨利伟曾出版一本自传，名叫《天地九重》，我把它叫作"中国版的《钢铁是怎样炼成的》"。在这本书中，杨利伟讲述了自己怎样一步步成为宇航员的故事。

在小学时，杨利伟的梦想是当一名飞行员，而不是宇航员，因为那时我国还没有宇航员。想当飞行员的最初原因，是他的一个小伙伴的父亲是一名飞行员。他十分羡慕飞行员可以驾驶着飞机在蓝天翱翔，他觉得没有什么比这更酷的事情了。

就是这样一个纯真的梦想驱动着杨利伟刻苦学习、认真锻炼、严于律己。因为他知道，当飞行员可不是件简单的事，必须体格健壮，学习成绩优异，也要拥有强大的毅力。为此，他从小就有意识地磨炼自己，矢志不渝地向着心中的目标迈进。最关键的是，他的内在动机使他能以苦为乐。在别人看来极其艰苦的事，他却乐此不疲，由此产生了沉浸式的心理体验。刻苦磨炼本身就是对人生意义的最好诠释。最终，他不仅成功实现了当飞行员的梦想，还成了我国第一代宇航员。

杨利伟的故事反映了如何依靠自我驱动的力量来促进自我成长和自我发展，并最终取得成功。

第二节 外在动机

与内在动机相对应的是外在动机，又称外源性动机或外生性动机。外在动机驱动的行为目的在于行为的结果，或者说是以行为作为工具和手段来换取其他目的的实现或需要的满足。

比如，有些孩子一开始学习是受内在动机驱使，但渐渐就会受到外在目标的驱动，例如那些墙上的小红花、书本上的红五星、卷子上的好成绩，以及父母因为孩子取得好成绩而给予孩子的奖励等。这时，孩子的学习动机就不再是学习行为本身，而是转变为获得这些外在奖励了。这就是学习的外在动机。

值得警惕的是，一旦学习的外在动机过强，内在动机就可能渐渐消退；而一旦学习的外在动机得不到满足，比如发现自己的努力无法换来小红花或红五星，或者无法保证自己每次考试都能考好、都能得到父母的奖励时，外在动机也会逐渐消退。这就是为什么一些孩子渐渐变得厌学，学习的内外动机都没有了，他们自然也就丧失了对学习的兴趣。

心理学中有一个经典的故事。

一位老人退休后在湖边买了一栋房子，想图个清静。可是有一天，湖边来了一群孩子，他们在这里踢球、追逐打闹，吵得老人很头疼。

于是，老人就对孩子们说："我喜欢看你们踢球，为了感谢你们，我奖励你们 1 美元，你们明天再来吧！"孩子们很高兴，欢呼着离开了。

第二天，孩子们又来到湖边踢球，但这次老人说自己钱不够了，只奖励他们 0.5 美元。孩子们不大高兴，但还是接受了。

第三天，孩子们又来踢球了，但这次踢完后，老人说自己没有钱奖励他们了。孩子们一哄而散，之后再也不来踢球了。

原本孩子们到湖边踢球是出于内在动机，是因为自己喜欢、开心才去踢球的，但是老人利用奖励的副作用，把孩子们"喜欢"踢球的内在动机转换成了"为了获得奖励"的外在动机。没有了奖励，孩子们踢球的乐趣就没有了，自然也就不再到湖边踢球了。

外在动机在激发动力、抑制不良行为等方面是比较有效的，因为人类有一种天然的趋利避害的倾向。也就是说，只要提供的外在刺激和诱因对个体来说是有利的，是他们所渴望和需要的，就会激发个体的趋利行为。

比如，在工作中，有些人认为工作就是一种谋生手段，他们本身并不喜欢工作，只是不得已而为之。对他们来说，工作就是一份苦差事，但凡有其他选择，他们都不会选择工作。但是，如果给予他们充分的激励或奖励，他们也会努力工作，不断提升自己的工作能力和技能。这种人就持有很强的外在工作动机。

第三节　培养和增强内在动机

有一个在管理心理学和人力资源管理领域流传很广的故事。

3个工人都在砌砖头，一个经理走过来问第一个工人："请问你在干什么？"工人回答说："你没看见吗？我在砌砖头。"经理问第二个人同样的问题，第二个人说："我在挣钱，养家糊口。"经理又问第三个人同样的问题，第三个人的回答是："我在盖摩天大楼，你想象不到它有多高！"

在这个故事中，第一个工人完全看不到工作的意义，看到的只是砌砖头这个动作本身；第二个工人的工作动机是挣钱养活家人，工作是他谋生的手段，所以他具有很明确的外在工作动机；而第三个工人看到的是工作的意义——盖摩天大楼，这是一项事业，他为能从事这样的工作感到自豪和骄傲，所以他所拥有的就是强大的内在工作动机。只有内在动机足够强大，人们才更乐于通过努力尝试获得最大的提升和成功，也才更有动力和积极性去完成自己的任务。

这就提醒我们，在现实生活中，我们不要太刻意强调外在动机，而应该着重培养内在动机，这有利于塑造强大的内心达到更高的境界，也是成大事者必备的素质。

成功属于"有心"人，要想成功，必须从"内心"入手。

一般来说，内在动机强的人看重的不是物质奖励，而是精神奖励。物质奖励通常包括金钱和其他物质条件等，对应的是马斯洛需要理论中的生理需要和安全需要；精神奖励是指认可、接纳、赞扬、赏识、鼓舞等，对应的是马斯洛需要理论中的自尊与尊重、自我实现的需要。因此，要培养一个人的内在动机，关键在于要为他提供精神奖励，而不是物质奖励，否则可能会适得其反。

比如，儿童时期的阅读可能会影响一个人成年后的职业发展和人生观的建立，所以培养儿童阅读的内在动机就非常有意义。2019 年发表在《阅读科学研究》（*Scientific Studies of Reading*）上的一项研究成果指出，满足阅读成就动机，让儿童在阅读中不断获得快乐、获得积极的肯定，让他们喜欢阅读，并从阅读中不断汲取知识，体会到自己心灵的成长和能力的增强，可以大大增强他们的内在阅读动机。但要注意的是，在阅读过程中，比精准的背诵更重要的是，个人对书中内容的解读和自己内心的体会。

在精神上获得营养才是阅读的真谛。

同样，要想增强员工的内在动机，可以为他们提供具有挑战性的工作机会，赋予他们更多的职责和职权，为他们提供学习成长和获得成功的机会，让员工感觉自己被认可、被接纳和被赏识，由此，员工就会更加专注于工作本身，也会因为热爱而工作，而不是只把工作看成换取物质保障的手段。

《商业周刊》某一期的封面故事报道了一位员工大学毕业后在某世界 500 强企业工作了七年，不断轮岗、学习，掌握了各项企业运营技能，其间曾多次拒绝另一家企业薪水翻番的诱惑，没有跳槽。当被问到他为什么这样做时，他回答说："我在这里可以得到成长。"这就是培养内在动机的成效。

有趣的是，心理学家范·迪克（Van Dijke）等人发现，怀旧可以增强人的内在工作动机，该成果发表在 2019 年的《组织行为与人类决策过程》（*Organizational Behavior and Human Decision Processes*）上。在研究中，被招募的志愿者被随机分成两组，均被要求先完成回忆和写作任务。其中一组是对照组，被要求写下日常生活的一个普通事件；另一组是怀旧组，研究人员激发志愿者的怀旧情感，具体方法是让他们回想自己最怀念的事件，并把这些怀旧的事件代入脑海，让自己沉浸其中，慢慢体会，之后再写下四个描述这一事件的词语。随后，研究人员测量了两组人的内在动机及相关表现，结果发现，相对于写普通事件的对照组，怀旧组报告了更高水平的内在动机，即使是在不公平的境遇中，他们也更热爱自己的工作。原因在于回首珍惜的往事可以增强人的生命意义感、降低威胁感、减少防御心态，因而也可以使人更专注于未来的工作。

第四节　成长取向动机与防御取向动机

成长取向动机和防御取向动机是另一对与人的成长和成就相关的动机。

成长取向动机又称促进取向动机或增强取向动机，是指人们更倾向于把注意力放在如何提升自己、发展自己和促进自己的成长上，为此人们可以克服一些困难，甚至甘愿冒一些风险，即使失败也在所不惜。这类人也许会经历更多的失误和挫折，但他们收获的成功也更多。

防御取向动机则是指把注意力放在如何规避风险、防止不必要的困难和麻烦上，它可以引导人们更加谨慎，但有时会让人显得过于拘束，其突出的心态特点就是：不求有功，但求无过。

这两种动机在日常生活和工作中也都非常多见。比如，成长取向动机强的人，在工作中会更加看重那些有挑战性的工作，看重那些能让自己获得锻炼和增长才干的工作。相反，防御取向动机强的人，面对工作时容易瞻前顾后，束手束脚，行动过于保守，生怕出错，所以他们通常会选择一些自己更有把握完成的任务，而不太愿意尝试新的可能。

关于这两种动机，最极端的例子出现在体育比赛和军事对抗中。

在体育比赛中，有的球队喜欢进攻型打法，崇尚进攻、进攻、再进攻；而有的球队则习惯采取防守型打法，不强调得分，更在乎会不会丢分。同样，在军事对抗中，有的指挥员强调以攻为守，擅长进攻型打法；有的指挥员则强调以守为攻，强调不失去固有的优势，不在乎多得到什么，而在乎少失去什么。

综上所述，成长取向动机强的人更乐于冒险，更富有创业精神，创新活动也更多，其创新的成就往往更大。2001 年发表在《人格与社会心理学》(*Journal of Personality and Social Psychology*) 上的一篇文章报告了 5 项研究成果，均证明成长取向动机强的人表现出更高的创造力，因此，这些人也更适合创业；相反，防御取向动机强的人更适合守业，他们更像是把自己保护在已有的城墙之内。

当然，在现实生活中，不同类型的动机也有不同的运用策略和运用场合。比如，在体育比赛中遇到强者，就可以采取以防御为主导的策略；而面对弱者，则可以采取以进攻为主导的策略。在企业管理中，对从事技术研发、市场开拓、管理创新等工作的员工，可以更多地鼓励他们提升成长取向动机，让他们大胆地去尝试；而对从事财会、行政、仓储管理等工作的员工，则应引导他们更加侧重于提升防御取向动机，以"稳"字当头，以不出差错为上策。

从心理学角度来说，任何一种动机都会对人们的行为产生不同的影响，尤其是驱动人们自觉性和自我成长的动机更是如此。王国维在《人间词话》里提到人生、学问和事业的三重境界，这三重境界可以用于类比人的动机的三重境界，它们是逐渐向高层次递进的。

第一重境界："昨夜西风凋碧树，独上高楼，望尽天涯路。"在这里，人们在意的是外物，是外在的情势。

第二重境界："衣带渐宽终不悔，为伊消得人憔悴。"在这里，人们在意的是人，是人与人之间的情感。

第三重境界："众里寻他千百度，蓦然回首，那人却在，灯火阑珊处。"在这里，人们在意的是内心，是忘我的境界。

当一个人的动机到达第三重境界时，他才会产生被内心渴望驱动的成长动力。这种境界也应该成为我们追求的人生境界。

第三章

成就动机

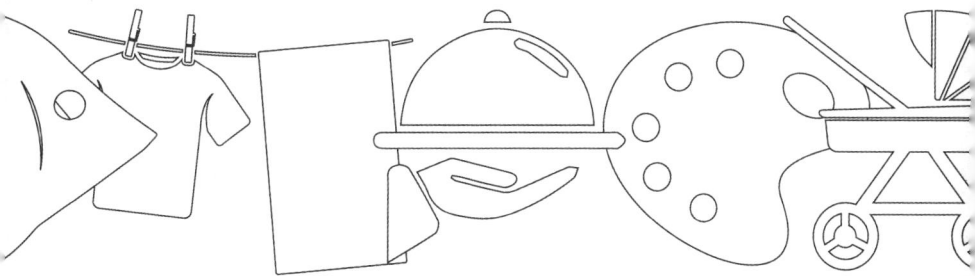

第一节 什么是成就动机

戴维·麦克莱兰（David Mcclelland）是美国著名的社会心理学家。1941 年，麦克莱兰获得耶鲁大学心理学哲学博士学位，1956 年开始在哈佛大学担任心理学教授，1987 年进入波士顿大学任教直至退休。可以说，他一生都在努力工作，甚至还创办了自己的咨询公司，帮助企业运用心理学知识选拔人才。他还是著名的"胜任力"概念的提出者，认为一个人能够胜任自己的工作，不仅取决于早期形成的智力，还取决于动机、价值观等这些长期培养形成的心理因素。

麦克莱兰一生中最重要的工作，也是他最主要的贡献，就是探究人的工作动机。而他之所以这么专注于工作动机的研究，是因为两个重要背景。

第一个背景，当时美国社会受其独特文化价值观的影响，大家普遍认为人要靠个人努力来改变自己的命运，因此人需要工作，工作是人们生活中不可分割的一部分。工作似乎不是为了生活，工作就等于生活，或者说生活本身就是工作。在这种文化氛围下，那些不工作、不劳而获、乞讨的行为都为人们所不齿。所以，在美国可以看到这样的现象：街头有冻死的乞丐，却没有无家可归的狗。因为乞丐试图不劳而获，不被社会文化接受；而狗则是人类的好朋友，勤劳、勇敢，而且忠诚。

第二个背景，麦克莱兰进行研究的主要时间段是第二次世界大战结束前后。一方面，当时美国有大量新移民进入，这些人必须依靠努力工作让自己能够在新的环境中生存下来；另一方面，第二次世界大战以后，更多的国家开始推行义务教育，越来越多的人依靠自己的知识和努力改变了命运，成为职场的中坚力量，而这些人的经历也证明，只要努力工作就能成功。

这些社会背景都影响了麦克莱兰的研究方向和研究结论，为此，他提出了著名的"三重需要"理论，认为人之所以要工作，是因为工作可以满足人的三重需要。

第一重需要：成就需要

人都有实现目标、达成愿望、获得成功的需要，而在工作中，人可以通过自己的努力不断完善工作，提升技能，提高效率，最终获得成功和成就感。

不同的人的成就需要不同，其为人处世的方式就会不同。比如，由于追求不同，有的人宁愿在只有10%的概率下去争取1 000元，而不甘心在有100%把握的情况下得到100元，但有的人恰恰相反。

第二重需要：权力需要

人们会有影响他人、环境、某个过程或决策的需要，由此，人们才能获得掌控感，支配他人而不被他人支配，影响他人而不被他人影响。通过满足这种需要，人们可以获得他人的认可，获得更高的社会地位和更大的权力。

不同的人对权力的渴望程度也是不一样的。通常来说，权力需要较高的人喜欢支配、影响他人，喜欢"发号施令"，对争取地位与影响力十分重视。此外，这类人还喜欢具有竞争性和能体现较高地位的场合或情境。他们可能会追求出色的成绩，因为这样他们才能与他们所具有的或渴望的地位与权力相称。

第三重需要：亲和需要或归属需要

人都有一种建立亲密人际关系的需要，希望自己能够被他人接纳、欣赏和喜爱，这就是亲和需要。亲和需要较强的人，往往也会很重视来自他人的接受、喜欢，追求友谊、合作。这样的人在团队或组织中容易形成良好的人际关系，但也容易受到他人的影响，因而在团队或组织中经常充当被管理的角色。

同时，人们还渴望友谊而不是仇恨，渴望合作而不是竞争，渴望理解而不是冲突，这种归属需要也可以通过工作获得。

麦克莱兰认为，正因为工作能够满足人的以上三重需要，人们才需要工作，并且会乐此不疲地工作。麦克莱兰尤其强调三重需要中的成就需要。我们可以这样解读成就需要，即个体追求自认为重要的、有价值的工作，并使之达到完美状态，也是一种以高标准要求自己、力求取得成功的动机。

这就提醒我们，在职场中，要想激励员工努力地工作，就要设法激发员工的成就需要，否则员工就会失去工作的动力。当然，不同的人在不同的阶段对成就需要的渴求度可能是不一样的。

比如，刚刚进入职场的年轻人往往会很渴望满足亲和需要，希望被同事接纳，能够很快融入工作团队，所以很多企业会为新入职的员工安排团建活动，目的就是希望员工能尽快融入集体。之后，这些年轻人希望通过自己的努力达成目标，获得成功，满足自己的成就需要；再进一步，他们还希望晋升，提高自己的社会地位，获得一定的社会影响力，满足自己的权力需要。

为此，企业应该因人而异、因时而异地进行不同的工作安排，有机地满足员工的不同需要，从而激发员工更加强烈的工作动机。

第二节　成就动机的特征

在麦克莱兰提出的"三重需要"理论中，亲和需要类似于马斯洛提出的需要层次理论中的"归属和爱的需要"；而"成就需要和权力需要"则类似于马斯洛提出的"自尊与尊重的需要和自我实现的需要"。因此也可以说，这两种理论有异曲同工之妙。不过，麦克莱兰的理论忽略了人的生理需要和安全需要，因此它就不能解释为什么有些人会在工作中消极怠工、有口饭吃就得过且过的现象。

总体来说，麦克莱兰更看重人的成就需要，因为满足成就需要可以激发人的成就动机，而成就动机强的人具有以下四个重要特征。

富有理想和责任心

成就动机强的人往往心怀目标与志向，具有大理想、大格局，也乐于通过努力达成目标，实现自己的理想。

在电视剧《大秦赋》中，嬴政的老师申越就教导他，要想成为王者，就要有志向和胸怀。他还鼓励嬴政从小就要树立起实现霸业的目标。

当一个人有了目标的指引和驱动，就会表现出很强的责任心，对自己的目标负责，告诉自己：既然树立了目标，就要认真地去实现。这也是他们对自己和社会的承诺，他们也会因此成为有信用的人。

具有很强的毅力

成就动机强的人一旦树立了目标，不仅心怀远方，还内心非常坚定地踏实做事。他们会执着地、一步步地迈向自己的目标。当然，在实现目标的过程中，他们肯定会遇到困难、遭受挫折，但强大的成就动机会激励他们跨过人生中一道又一道的坎儿，一步步地接近目标。尽管有的人可能一辈子都没能得到自己想要的结果，或者看不到目标的实现，却并不影响他们对这个过程的坚持，这就叫事业心。

西班牙著名建筑设计师安东尼奥·高迪（Antonio Gaudi）曾参与设计了巴塞罗那的神圣家族教堂，但直到他去世，教堂仍未竣工。他当初应该很清楚，自己有生之年是看不到结果的，可他仍然为设计和建造这座教堂呕心沥血，倾其所有，坚持不懈，赋予了这座教堂特殊的人文意义和美学价值。

更容易快乐

成就动机强的人会因为实现自己所期望的目标而快乐。也许每个目标的实现都会遇到困难和挫折，但正是克服这些困难和挫折的过程才让人们更加快乐。这种快乐不是来自实现目标后的物质奖励，而是来自内心的满足与喜悦，是对自己能力和成就的肯定。

更多地造福社会

成就动机强的人可以通过努力打造自己成功的人生，同时对社会也有所贡献。因为每一次目标的实现都是一次自我创造，既刷新了自我成就，也推动了社会的进步。

有研究表明，各行各业的成功人士都有很强的成就动机，无论政界领袖、商界精英，还是文化名人、科技巨匠，莫不如此。他们都非常富有创造力，也通过自我成就推动了组织、行业和社会的发展。

爱因斯坦曾说："一个人的价值，应该看他贡献了什么，而不应看他取得了什么。"成就动机对个人和社会都有意义。对个人来说，它是一种心灵财富；对整个社会来说，它也是一种精神宝藏。

成就动机同样存在于学习中，而学习与工作又是相通的。古人有"头悬梁，锥刺股"的学习劲头，其动机就是金榜题名，为将来的事业奠定基础。

学者 A.G. 巴洛贡、S.K. 巴洛贡和 C.V. 安延乔发现，成就动机可以促进学习成绩的提高，并且可以降低考试焦虑对成绩带来的负面影响，甚至可以将适度的焦虑转化为提高成绩的动力，该成果发表在 2017 年的《西班牙心理学》（*Spanish Journal of Psychology*）上。同时还有研究表明，有成就动机的学生会非常自信和专注。尤其是在面临挑战和有压力的任务时，有成就动机的学生会不惜一切代价超越竞争对手，发挥最佳水平。

成就动机解释了个体成功与社会进步的原因，所以每个人都应该积极培养成就动机，不断实现自我价值，让自己成为优秀的人，同时不断推动社会进步。

第三节　如何增强成就动机

成就动机对于个人发展与社会进步都具有重要作用，它就像一台强大的发动机，激励着人们努力向上，在前进的道路上获得成功。然而，并不是每个人都具有充足的成就动机，很多人习惯在生活和工作中选择"当一天和尚撞一天钟"，虚度光阴。

那么，我们如何增强成就动机呢？

我在这里给大家介绍两种方法。

压力模仿培训法

20 世纪 60 年代，麦克莱兰曾领导一批心理学家在哈佛大学开展了针对企业管理者的大量研究，还开创了一种压力模仿培训法来增强人们的成就动机。

在这种方法中，麦克莱兰为企业管理者设定了四项主要培训内容。

（1）通过培训，学会运用成就动机高的人惯用的方式来思考、交谈和行动。这类似于模仿学习，也就是寻找一个优秀的偶像作为自己的榜样，然后激励自己向榜样学习。

（2）为今后两年设定较高的、经过仔细推敲且切实可行的目标。

这类目标通常具有一定的难度，不会轻易被实现，但也不是遥不可及的，而是一个中长期内可实现的目标。

（3）运用各种方法使自己被别人更好地了解。比如，向大家说明和解释自己的行为，与大家一起分析自己的动机和想法等，从而打破自己固有的习惯和态度，重新认识自己要达成的目标。简而言之，就是向他人说明自己的目标，并向他人讨教，通过这个过程让自己的目标更加明确。

（4）开展交流，彼此分享成功与失败的经历。由此大家认识到，每个人都有相似的经历，都会遭遇一些困难，大家可以通过共同的努力改造环境，摆脱命运的安排，实现个人目标。同时大家也会明白，每个人都不是孤独的，大家的成功都是有规律可循的。这样做就是在寻觅知音，在共患难中战胜挫折，实现目标。

麦克莱兰的这种培训方法后来在很多国家流行，而且效果明显，接受训练的人成就动机显著增强，主动性和创业积极性也普遍提高。

成功可视化培训法

学者诺埃利亚（Noelia A. Vasquez）和罗杰·比勒（Roger Buehler）设计了一种简便快捷的方法来帮助人们增强成就动机，该成果于 2007 年发表在《人格与社会心理学公报》（*Personality and Social Psychology Bulletin*）上。

这个培训的原理是："看到"未来成功的视觉想象可以促进成就动机，具体方法是让人们想象自己在未来努力完成任务并获得成功，由此产生"所见即所得"的效果。

研究人员招募了一批志愿者，这些志愿者可以自由选择一项重要任务，如参加考试、写论文、演讲等。接着，研究人员告知志愿者，他们需要在未来几周内完成自己选择的任务，然后引导志愿者去完成下述的想象过程。

请试着想象即将到来的任务进行得非常顺利，就像你希望它实际进行的那样。例如，你可以想象你分几步有效地执行了任务，并收到了积极的反馈，想象人们对你表现出的肯定。你还可以试着想象任务从展开到完成的全过程。

这时，每个志愿者都非常投入地想象自己是如何准备考试、写论文或演讲的，并想象自己最终获得了成功。有一组志愿者还被要求以第三人称视角来想象和观察成功的过程，比如"你可以看到自己和周围的环境，你就像是一个观察者。也就是说，你可以看到自己，看到事件发生时观察者会看到的东西"。结果表明，当志愿者以第三人称而不是第一人称视角来想象自己的成功时，执行任务的成就动机更强烈。

对于以上这种现象，科学的解释是：当一个人想象自己未来会成功时，会产生高仿真性并伴有强烈的代入感，仿佛真的获得了成功一样；而当一个人以第三人称视角来观察自己成功的过程时，他会觉得其更具有客观性、现实性和可行性，因此成就动机也会大大增强。

将以上这种"看到"的培训方法概括一下，它其实就是让我们在想象中模拟自己执行了一项任务，执行步骤有五步。

第一步：设立具体目标。

第二步：明确目标实现的各个阶段。

第三步：明确每个阶段如何取得目标进展。

第四步：明确每个进展得到的反馈和肯定。

第五步：明确实现目标后自己的状态和感受。

最重要的是，一定要以第三人称的客观视角观察这个过程。做完这些后，我们就会产生更加强大的成就动机去实现这个目标。

人因思想而生理想，因理想而生优秀，因成就而伟大。

总而言之，动机是推动人们前进的内在核心动力，成就动机则是人们追求成功和成就的动力。当我们的成就动机增强后，我们的内心就会产生一种成功的信念，由此也可以增强干劲，这种内在动力会促使我们以更高的标准和更严格的态度要求自己。蚂蚁能举起比自己质量大好多倍的物体，蚂蚱能跳到比自己高数十倍的高度，而人做不到这些事，就是因为人进化的方向不是身体的力量和弹跳的高度，而是思想的力量和理想的高度。

第四章

亲和动机与侵害动机

第一节　亲和动机

亲和动机起源于亲子之间的依恋。在婴幼儿时期，孩子对父母的出现有积极的反应。他们愿意和父母在一起，父母离开时会哭闹，惊恐时会寻找父母。这种亲子之间的依恋就是亲和需要在个体生命早期的体现。随着孩子逐渐长大，他们又会表现出希望被他人接纳和喜欢的需要，一旦遭到社会排斥，就会感到十分痛苦。这些都属于亲和需要。亲和需要可以引起亲和动机，亲和动机则可以引发亲和行为。

中国传统文化尤其崇尚亲和观念。"洛阳亲友如相问，一片冰心在玉壶。""我寄愁心与明月，随君直到夜郎西。""劝君更尽一杯酒，西出阳关无故人。""桃花潭水深千尺，不及汪伦送我情。"这些流传千古的诗句，体现的都是中国文化对亲和观念的重视，以及亲和观念对个体的影响。

马斯洛的需要层次理论指出，人都有建立亲密人际关系的需要，希望自己能被他人接纳、欣赏和喜爱。而亲和动机就像一种社会黏合剂，可以把大家聚在一起，让大家抱团取暖。小说《水浒传》中的梁山泊有 108 位好汉，他们性格不同，身世背景不同，本领高低不同，文化水平也不同，而宋江靠一个"义"字将这样一群迥然不同的人聚集在一起，使大家和睦相处，心往一处想，劲儿往一处使，这是很不容易的。在这个过程中，亲和动机就对梁山好汉间的团结合作起到了很大的作用。

现在很多企业经常搞团队建设活动，其目的就是形成一个互相接纳、互相抱团、具有凝聚力的团队，培养大家和睦相处的能力。如果团队成员之间缺少亲和动机，团队就会像一盘散沙，缺少战斗力，成不了大事。

由此可以看出，亲和动机是一种重要的社会性动机。当它引发的亲和行为得以顺利进行时，个人就会感到温暖、安全、有信心；当亲和行为受到挫折时，个人就会感到无助、孤独、焦虑和恐惧。就像达尔文曾经在《人类的由来》中指出的那样："谁都会承认人是一个社会性的生物。不说别的，单说他不喜欢过孤独的生活，而喜欢生活在比他自己的家庭更大的群体之中，就使我们看到了这一点。独自一个人的禁闭是可以施加于一个人的最为严厉的刑罚之一。"

既然亲和动机可以带来这么多积极的影响，那么亲和动机具有哪些特征呢？

亲和动机的特征

首先，亲和动机强的人喜欢人际交往，希望自己能够被他人接纳和喜欢，也特别希望在人群中获得存在感，这会给他们带来归属感和快乐。不管聚会、聊天，还是喝茶、逛街，他们都是非常好的伙伴。

如果他们某一天见不到其他人，没人和他们聊天说话，他们就会感到惶恐不安，觉得生活中缺少些什么。对他们来说，与他人和群体分离是一件痛苦的事，是他们所不能接受的。不过，他们爱人际交往不等于他们就善于人际交往。前者是动机，后者是技能，二者不能混为一谈。

其次，亲和动机强的人比较敏感，很在意他人的感受和他人对自己的看法，也很在意自己是否被他人接纳和喜欢。同时，他们也特别在意他人的内心感受，这可以帮助他们判断自己是否讨人喜欢，是否因自己的存在而让他人自在或不自在。从某种意义上讲，他们把别人当成一面镜子，用别人来映射自己的价值。

最后，亲和动机强的人为了让别人接纳自己、喜欢自己，而不拒绝自己、讨厌自己，总是会很努力地尝试保持人际关系的和谐。他们不断地设法改善与周围人的关系，并且避免冲突，绝不惹事。即使遭遇人际关系的冲突，他们也会采取妥协的方法。他们尤其不会把自己的观点和意志强加于他人，这不是他们的风格。

由于具有以上三类特征，亲和动机强的人通常十分招人喜欢，也可以更好地适应社会，在社会关系中如鱼得水。正所谓"爱人者，人恒爱之"。

亲和动机是强有力的社会黏合剂。

培养和提升亲和动机的方法

亲和动机对于一个人适应社会、建立社会关系而言十分重要，每个人都应该积极培养和提升亲和动机。想要培养和增强亲和动机，以下两种方法可供参考。

1. 认知法

"多个朋友多条路""在家靠父母，出门靠朋友""有朋自远方来，不亦乐乎"，这些说的都是人际关系带来的种种好处。了解这些好处，我们就能加强对亲和动机的认知。

回忆自己过去与人相处的愉快情景，比如，与家人在一起的幸福时光，与朋友在一起玩耍的快乐时光，与同学、同事友好相处的美好时光等，这些都会唤醒我们的亲和动机，让我们在认知上重视亲和动机。

回忆自己曾经得到别人帮助时的感激心情，回忆自己帮助他人时，被对方感激的经历，也都会让我们体验到人际关系中亲和的情感力量，由此更加重视和增强亲和动机。

2. 行动法

行动法是指我们直接采取行动，体验亲和动机的积极作用的一种方法。比如，参加各种社交活动，融入社交场合，通过有计划的安排进行人际关系互动，体验人际关系中的温情，体验被别人关照、接纳的愉悦和积极的情感等，都会使人非常珍惜融洽的人际交往关系，从而提升亲和动机。这也是幼儿园让小朋友做精心设计的结构化游戏、企业精心定制团队建设活动的主要目的。

亲和动机的弊端

通常来说，社交活动多、交友广泛的人更容易拥有积极、乐观的情绪，也更容易抵御负面情绪带来的不良影响。不过，有时人的亲和水平过高也并非好事，这样容易出现一些问题。比如，成为"老好人"，喜欢当"和事佬"，喜欢事事迁就他人，不愿意得罪人，为了不与他人发生冲突而放弃自己的个人利益，而这些都是不可取的。如果这类人是企业管理者，还可能会牺牲组织利益、违背企业的大原则，而换取个人的小欢喜。

除此之外，亲和动机过高的人由于对他人看法过于敏感，生怕被人拒绝，还会显得谨小慎微，丧失自信，或者为了迎合别人而委屈自己。这也会令他们的心理健康水平降低。

有趣的是，成就动机水平过高的人，亲和动机水平往往较低，因为他们更在意达成绩效，获得成功，完成任务，而不是人情，更不会拿任务绩效做人情交易。其中一个最典型的例子就是《西游记》中的孙悟空，他一心一意地完成任务，最在意的事就是取得真经。为此，他可谓"六亲不认",不讲情面,不要说面对师弟猪八戒和沙和尚,就是面对师父唐僧,有时也会不留情面。

一些企业在选拔经理人的时候就要注意这个问题:经理人既要具备一定的亲和动机,维系团队凝聚力,也要保证适度的成就动机水平,领导团队达成目标。只有平衡好两种动机,真正把亲和动机作为寻求、建立和发展人际关系的动力,把成就动机当成完成工作任务的动力,才有可能集思广益,增加力量和勇气,发挥两种动机的积极作用。

第二节 合作动机与利他动机

与亲和动机密切相关的是合作动机与利他动机。其中，合作动机是指人有一种需求，希望与他人和睦相处、通力合作，从而共同达成目标、实现愿望；利他动机则是通过自己的行为帮助别人实现其目标或愿望。一般来说，利他动机无论在主观上还是在客观上，都是在帮助别人。

在社会环境下，人们都会遵循互惠规则。按照互惠规则，人们可以预期：如果今天我帮助了你，那么将来你就可能会帮助我。这种互惠规则在一些动物群体里也可以观察到。

为了验证这一点，心理学家恩格尔曼和赫尔曼（Engelmann & Herrmann）做过一个有趣的研究实验来考察黑猩猩是如何选择合作行为的。该研究结果于 2016 年发表在期刊《当代生物学》（ *Current Biology* ）上。

他们将两只黑猩猩关在一个房间内，并用一块玻璃把它们隔开，其中一只黑猩猩可以抓住两根不同的绳子。在拉第一根绳子时，这只黑猩猩可以把自己不太喜欢的食物拉到自己面前吃掉；拉第二根绳子时，它可以将自己比较喜欢的食物拉到另一只黑猩猩面前，这样对方就能先吃到喜欢的食物。与此同时，另一只黑猩猩也有权利拉动自己一侧的绳子，把部分好吃的食物返送给被观测的黑猩猩。

那么，被观测的黑猩猩通常会做出什么样的选择呢？

研究发现，黑猩猩更倾向于选择合作，也就是拉动第二根绳子，把好吃的食物先送给房间内另一只黑猩猩，而这样的选择就基于它的预期——相信对方也会做出友善行为，把好吃的食物返送一些给自己。研究结果也表明，当房间内的两只黑猩猩彼此熟悉时，被观测的黑猩猩会更倾向于选择合作。换句话说，合作的基础是信任，因为相信对方便会表现出友善互惠的合作行为。

类似现象在单细胞真核菌落中也有。例如，在一种叫作盘基网柄菌（Dictyostelium discoideum）的真核菌落中，每个单细胞都扮演着独特的角色，各司其职（类似蚂蚁群落中的工蚁、兵蚁等），这样整个菌落才能生存。但菌落中有些个体的确会自私地"搭便车"，试图"不劳而获"。为了遏制这种现象，这个菌落会用一种方法来监督和遏制自私行为，让那些试图"搭便车"的个体受到惩罚，以保证菌落的最大利益和有效生存。这说明，合作是生物种系的必要行为，并能得到制度上的天然保障。这项研究于 2009 年发表在《自然》上。

由此可以看出，合作是生物的一种天性。合作的动机是共赢，而利他的动机也会对自己有利，最终实现双赢。

不过，合作也好，利他也好，这些动机都不应该成为获利交易的手段，而应该作为一种维护社会互惠的公共准则。人类社会具有互利共赢的准则，这是人类社会长期进化和发展形成的。尊重这个准则，大家都能胜出；违背它，则很有可能变成双输的局面。

第三节 侵害动机与攻击行为

几乎每个人都遭遇过他人的攻击，攻击行为被心理学家安德森和布什曼（Anderson & Bushman）定义为任何以对他人造成伤害的直接意图进行的行为。而这种攻击行为背后的意图，就是侵害动机。

侵害动机有着极其复杂的原因，既有生物性原因，如神经控制力差、激素水平分泌异常导致的冲动；也有社会心理性原因，如人们持续的愤怒、社会模仿形成的幸灾乐祸心态、反社会情绪等。

心理学研究发现，如果儿童看到成人实施暴力攻击行为，再回到自己的房间后，就很可能会对自己的宠物或玩具实施类似的攻击行为。因为儿童认为，既然大人可以实施这种行为，那么这种行为就是合理的、可以接受的。有些儿童甚至会把这种攻击行为转向自己的伙伴。儿童本来活泼好动，也容易冲动，经常模仿攻击行为，就容易形成不好的人际互动模式。

那么，如何降低儿童的侵害动机，约束他们的攻击行为呢？

有一项有趣的研究表明，练习书法可以减弱孩子的侵害动机，减少其攻击行为。

在实验中，研究人员一共招募了 120 名 7 ～ 10 岁的小学生，这些孩子都是各个班级推荐的好斗的学生。他们被随机分为两组，一组临摹能带来愉悦和舒缓情绪的书法作品；另一组则临摹不带情绪色彩的书法作品。

在练习书法 10 分钟后，研究人员分别对两组孩子的攻击行为和侵犯动机进行测量，结果发现：临摹能带来愉快和舒缓情绪的书法作品，可以显著减弱孩子的侵犯动机，减少其攻击行为，而且这种效果在男孩身上更为明显。

运用书法练习来抑制儿童的侵犯动机，其实是艺术治疗的一种方式。因为练习书法可以使人沉静安定、心思专注、凝神静气，心境变得平和，气息变得舒缓，情绪变得愉快。这些情绪的转变自然而然就瓦解了一个人的侵犯动机和攻击行为。这种方式不仅对孩子有效，对缓解成人的攻击行为和侵害动机也同样有效。类似的方法还有太极拳、茶疗等。

在任何时候、任何情况下，侵害他人都是被人们所不齿的。所以，如果你感觉自己的个人利益受到了损害，也尽量不要因为愤怒而做出以恶制恶的行为，最好诉诸法律，寻求法律的帮助，否则可能会两败俱伤。

不要用别人的错误来惩罚自己。

总之，在现实生活中，每个人的需求不同，动机也各不相同，但无论如何，端正自己的动机是没有坏处的。为了让自己更好地适应社会，与他人互帮互助，我们有必要增强自己的亲和动机，诉诸利他动机，让亲和动机和利他动机发挥积极的作用。与此同时，我们也要控制侵犯动机和攻击行为，不让侵犯动机和由此引发的攻击行为给自己、他人和社会带来风险和危害。

第五章

动机与激励

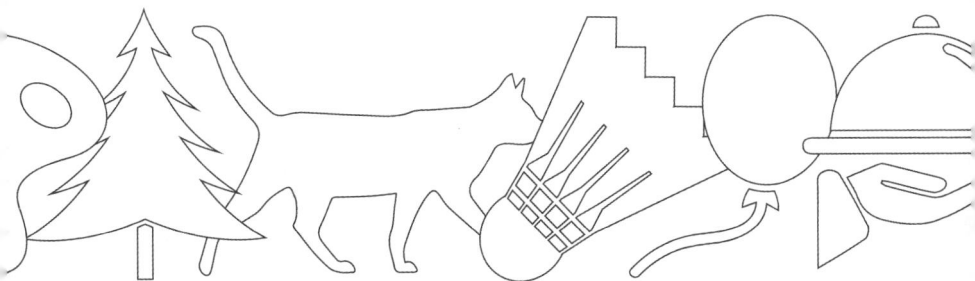

第一节　动机冲突

关于动机冲突，我先讲两个真实的案例。

20 世纪 50 年代，钱学森在美国学有所成，受到美方器重，然而当得知刚刚成立的新中国需要他时，他立刻下定决心回国。美方得知后，千方百计劝说他留在美国，还许诺给他极高的薪水，提供极好的科研条件，但他都断然拒绝了。最终，钱学森历尽千辛万苦返回祖国，在祖国一穷二白的基础上，开创了祖国的火箭事业与航天事业。在安稳富足的科研工作环境与艰苦拼搏实现祖国的航天事业之间，钱学森选择了后者。

另外，一些曾经很知名的国家级运动员，有的会在金牌加身、竞技水平的巅峰时刻选择结束自己的运动生涯，去拍商业广告、影视作品，有的甚至为此直接宣布退役。

对于以上行为，很多人可能不理解，也无法解释它们背后的动机，但有一点很明确，就是各种行为背后一定有其特定的动机。有时候，人们在生活中同时存在多种需要，会产生多种不同的动机。而多种动机有时是彼此冲突的，人们并不能同时满足它们的需要，因此就会顾此失彼，感到纠结，甚至痛苦。心理学家通过研究总结，将这些动机的冲突归结为以下三大类。

接下来，我们就来看看动机冲突的几种分类及其各自的特点与表现。

双趋式动机冲突：凡是好的都要

我们经常会遇到希望两种需要同时被满足的情况，这时两种需要就会引起同样强度的动机，由此便产生了动机冲突。

比如，有两件充满诱惑的事情同时摆在面前，我们都想做，但是分身乏术，不可能同时做两件事，也就无法同时满足两种需要。这种因无法同时满足两种需要的动机冲突，叫作双趋式动机冲突。

一个最简单的例子，今天晚上我想去看一场最近正在热映的、好评如潮的电影，并且今天也是电影公映的最后一天。但是，就在我准备出门去看电影时，突然接到好朋友的电话，他邀请我去参加一个非常重要的聚会，在那里可以见到很多好久没有见面的好朋友。那么，今晚我到底是去看电影，还是去参加聚会呢？显然二者只能选其一，这时我就很纠结。

再举个例子，假如我中了大奖，奖励是欧洲免费 7 日游，目的地可以是巴黎，也可以是罗马，但二者只能选其一。显然，两个城市都是世界名城，都非常吸引我，但我只能去其中一个。面对两个同样的诱惑，我到底该选哪一个？这也令人很纠结。

以上两个例子都呈现了一个现实情况，那就是"鱼和熊掌不可兼得"。

那么，这种冲突就真的无法化解吗？

事实并非如此，只是想化解双趋式动机冲突，就要视情境而定。

比如，在前面的例子中，我们就可以利用时间差来化解看电影和参加聚会的冲突。聚会只有一次，不参加很可惜；电影很好看，也不想错过。如果这两件事有一定的时间差，就可以参加完聚会再去看电影或看完电影再去参加聚会，或者等电影在线上平台上架后再看。错开两件事的时间，我们就能化解同时满足两种需要的冲突。

而面对选择去巴黎还是去罗马旅游的难题时，可以"两利相权取其重"。我们可以问问自己更喜欢哪座城市，是更想在巴黎街头体会法国的浪漫风情，在卢浮宫里欣赏世界知名的艺术品，还是更愿意游览罗马的名胜古迹，感受两千年前罗马帝国的辉煌？如果能做出判断，就能比较容易地做出选择。如果实在比较不出高下，那就随机放弃一个，毕竟来日方长，人生不止这一次旅游，以后总会有其他机会去另外一个城市旅游。

不要拿好事折磨自己，不要把好事变成痛苦。

从这个角度来说，双趋式动机冲突并不难解决，只要稍微提高其中一个目标的合意程度，就会使人趋向这个目标。只是有的人不清楚自己的价值判断，所以面临双趋式动机冲突时才会长时间陷入左右为难的心理矛盾状态；或是仓促做了选择之后，又为放弃的目标而惋惜后悔。如果长期陷入这种状态，就容易出现心理问题。

双避式动机冲突：凡是不好的都不想要

双避式动机冲突又称负负冲突，是指个体同时面对两个不利的目标选择时虽然都想躲避过去，但受条件所限，只能避开一个而选择另一个，所以在做选择时内心也会产生矛盾和痛苦。用俗话来说，就是陷入"前有狼，后有虎"的进退维谷的情境。

生活中有很多这样的例子，比如下面这些情景。

生病了，既不想打针——怕疼，又不想吃药——怕苦，于是在二者之间徘徊纠结。

手机屏幕摔碎了，既不想花钱换个屏幕，又不舍得花钱换新手机，毕竟这部手机才刚买不到一年。

准备外出旅行一段时间，家里有很多绿植需要照料，但是既不愿意麻烦邻居帮忙照料，又不忍心让它们枯死。

面前放着两份差事，上司让我们挑选，一份有点难，一份没意思，两份都不喜欢，但却必须选一份。

文体课要么学芭蕾舞，要么学书法，两门课都不喜欢，但也必须选择一门。

考试考砸了，既不敢回家面对父母，又不想在外面流浪，忍饥挨饿。

以上这些情景都反映了一个现实，就是我们在生活中经常会同时遭遇两种不利的局面或不喜欢的事物，躲开其中的一种，便躲不开另一种，总要面对一种，可选择哪一种都会让我们感到纠结、痛苦。

那么，如何应对双避式动机冲突呢？

一个简单的方法就是"两弊相权取其轻"。以出门旅行、家中绿植无人照料的情景为例，与其看着绿植在家中枯死，不如麻烦一下邻居，何况将来我们也有帮助邻居的时候；或者干脆把绿植送给邻居，"送人玫瑰，手有余香"，也是一种不错的选择。

至于工作和学习的情景，可以这样考虑：我们是想现在图省事，还是希望现在做点有价值的事，让自己将来更快乐？这样把具体的问题放到具体的时间和空间做全方位思考，答案就清晰了。

其实，生活中的大多数情况都没有我们想象中那么复杂，有时想开一点，勇敢面对，反而更容易海阔天空。就像鲁迅说的："地上本没有路，走的人多了，也便成了路。"

当然，有时也可能会遇上极端情况，比如当年的"狼牙山五壮士"为了掩护大部队和乡亲撤离，诱敌爬上狼牙山，成功完成了任务。但最后他们自己却陷入了绝境，前面是凶残的日寇，背后是万丈深渊。在这种情境下，怎么选择都是死。最终，战士们宁可跳下悬崖，摔得粉身碎骨，也不向敌人屈服。

所以，在双避式动机冲突中，人们有时也会完全抛弃产生冲突的情景，做出"脱离现场"的反应，这也是得到解脱的另一种方式。

趋避式动机冲突：只要好的，不要坏的

趋避式动机冲突是指同一件事情既有好的、有利的一面，也有不好的、不利的一面。得到好的一面，就无法避开不利的一面；躲开有害的一面，就无法获得有利的一面。比如下面这些场景。

想吃甜食，怕吃坏了牙齿；想享受山珍海味，又怕发胖。这是生活中常见的趋避式动机冲突。

想上一门课程，其内容特别有意思，对将来也可能有帮助，但听说这门课程很难，老师打分很低，难以取得高分。这是学习中常见的趋避式动机冲突。

想辞职，离开现在的工作单位，但又舍不得同事，团队友好的氛围也很让人留恋；留下来继续工作，又得不到升职加薪的机会，前途无望。这是工作中遇到的趋避式动机冲突。

面对趋避式动机冲突，我们通常难以做出选择，但如果不得不应对，一个解决方法就是判断一下怎样做可以使"利大于弊"。

比如在工作中，如果我们更看重成就需要，那就挑战高难度项目，在能让我们成长的公司工作；如果更看重亲和需要，那就留在原单位，继续寻找晋升机会。总之没有十全十美的事情，关键在于我们如何界定利弊得失，以及如何衡量利弊大小。

钱学森在美国可以享受到优渥的生活条件和良好的科研环境，但是不能报效祖国；想要开创祖国的火箭事业和航天事业，就要面对艰

苦的生活和科研环境。这就是一个趋避式动机冲突，每一个选项对他而言都是有利有弊的。而钱学森选择了国家利益最大化，甘愿放弃个人利益，为我们树立了面对趋避式动机冲突做出价值选择的榜样，践行了林则徐的诗句："苟利国家生死以，岂因福祸避趋之。"

生活往往就是这样，有很多欢喜，也有很多冲突、矛盾。但是，这一切串联起来构成的才叫生活。生活不是画得清清楚楚的棋盘格，每条路都能看清怎么选择；就算是下棋，也不是每时每刻都能看清下一步该怎么走，我们要在心中有一套属于自己的算法才行。

从以上事例中表现出来的动机冲突不难看出，人的动机是非常复杂的，我们在生活、工作和社会实践中的行为选择，常常会受到各种动机的支配。但是，人的动机和行为选择往往也可以反映一个人的价值观，你看重什么、鄙视什么，推崇什么、厌弃什么，坚持什么、反对什么，都是你的价值观的一种体现。有的人看重事业胜过金钱，有的人看重金钱胜过规则，一旦人的价值观扭曲，就会导致选择失误。所以，建立健全价值观体系是应对各种动机冲突的根本基础和指南，否则可能导致利弊判断失误，那就不只是纠结了，而是前功尽弃、满盘皆输。

成长就是学会明智地放弃和坚持。

第二节　整合的激励模型

根据弗洛伊德的观点，绝大多数有意识的行为都是由激励引发的。这几乎被视为一个解释人类各种行为的公理，是不言而喻、不证自明的。动机是一个过程，它始于个体的生理或心理上的某种需要或缺失，由此激发出行为或内驱力，使个体向着特定的目标而努力。

举个最简单的例子，一个孩子可能对学习毫无兴趣，无论采用什么样的方法他都无法爱上学习，但他却会对玩游戏上瘾。在这种情况下，我们不能认为孩子天生不爱学习，只喜欢玩游戏，而要看到游戏满足了或弥补了他的某种需要或缺失，才激发了他想不断玩下去的动机。因为当一个人的需要处于未满足状态时，他就会产生一种驱动自己采取行动来满足需要的压力，这种压力只有在需要得到满足的时候才会缓解和消除。

这种现象同样存在于成人身上，比如一个人不爱工作，每天的工作态度也是敷衍了事、得过且过。有些管理者据此便认为这样的员工缺乏能力，对组织毫无价值，却没有想过要采取什么样的方法或措施来激发其工作动机。

事实上，在一个组织中，员工的能力和天赋并不能直接决定他对组织的价值，其能力和天赋的发挥在很大程度上取决于动机的强弱。

员工动机强，工作积极性高，工作效率自然也高。所以，如何激发一个员工强烈的工作动机，应该是组织的管理者首先要考虑的问题之一。

不过，激发员工的工作动机并不等于无条件地简单满足员工的所有需要，让员工想干什么就干什么，想怎么干就怎么干，而应该设法使他们看到自己的需要与组织目标之间的关系，使他们处于一种受驱动状态。在这种状态下，员工付出努力就不仅仅是满足个人的需要，同时也通过达成一定的工作绩效实现了组织的目标。

所以，如果你是组织的管理者，就要懂得如何通过提升组织绩效来满足员工的需要，并控制员工满足需要的方式和程度。有时，员工的某些需要也许会很迫切，但如果方式不当，即使员工的需要得到了满足，对工作绩效的提升也没有什么明显效果。比如，有的员工在上班期间有社交需要，他可能会通过聊天、打电话等方式满足这种需要，但这种需要的满足不但不能提升组织绩效，反而对组织有害。

要想有效激发员工的工作动机，你需要确认、理解员工的内驱力和需要，引导他们的行为，并且给予恰当的激励，从而使之完成任务。在这种情况下，你必须准确地判断员工的需要，选择有效的目标和诱因，才有可能有效地激励员工提升工作绩效。

图 5-1 所示是一个整合的激励模型。

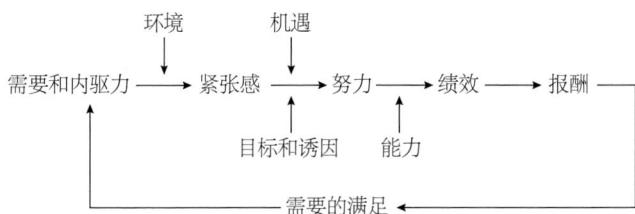

图 5-1　整合的激励模型

由这个激励模型可以看出，如果一个人的个人需要没有得到满足，他就会产生内驱力，努力去满足这些自己目前无法得到满足的需要。

不过，在组织中，成员的动机一般不仅取决于个人，还取决于具体的活动要求和情境，既因人而异，也因地、因时而异。比如，一些企业经常会为员工提供各种学习资源和支持，鼓励员工提升个人技能、丰富个人视野，让员工在创造工作价值之余还能获得个人成长。这就能较好地激发员工的动机和内驱力。

由此可见，一个人的动机在一定程度上依赖于其所处环境中的人员或规章制度等。受这些因素的影响，需要和内驱力才会引发人们的紧张感，让人们希望通过自己的努力缓解和消除这种令人不舒服的紧张感。在这个过程中，人们所面临的机遇、目标以及诱因等对引发努力就是至关重要的。通过努力，人们也能够达成绩效目标，并获得相应的报酬或个人成长，最终使自己的需要得到满足。

所以，在这个激励环路中，判断需要和内驱力、选择目标和诱因是关键性因素。但也要注意一点，动机并不一定仅仅指向紧张感的消除。比如，运动员参加攀岩、跳伞、登山等极限运动，并不是为了缓解紧张感，而是为了追求只有在这些极限运动过程中才能体会到的刺激感。

根据这个激励模型，我们可以把组织的激励简化为如何有效地识别和接通这个激励环路。值得强调的是，这个激励环路上的任何一个环节出现问题，导致环路被切断而无法联通，激励效果都不会产生。但有些时候，如果员工的需要没有得到恰当的满足或者是被过度满足，不仅不会起到积极的激励作用，还会导致绩效下降或其他问题。

举个例子，几年前，某航空公司曾发生一起重大恶性事件：该公司的10多位飞行员串通一气，让飞机从某机场起飞后，在空中绕行一圈，又返回原机场，而没有飞向各自的目的地。这一重大恶性事件给航空公司和乘客造成了巨大的损失，如浪费了大量燃油、占用了机场的停机位、延误了当次航班及后续航班、耽误了旅客的行程，也给机场调度和空中管制造成额外负荷，影响十分恶劣。

为什么会发生这样的恶性事件呢？

事后调查发现，航空公司刚刚给这些飞行员大幅度地涨了工资，但是飞行员似乎不仅不领情，还怨声载道，认为涨工资的幅度不够大。有当事人就曾说："虽然公司给我们涨了工资，但这远低于我们的预期，其他公司同行的工资早就比我们加薪后的工资多得多了！"

显然，该公司为员工加薪的行为不但没有起到积极的激励作用，反而激发了员工进行横向社会比较的动机，导致了"不公平"的感知和怨恨，引发了极端的反生产行为。

与之相反，某保险公司融客事业部希望激励销售人员提升推销寿险的绩效，但他们没有采取谁拿到万元以上的"大单"就能获得大额提成奖励的措施，而是采用了一种行为塑造法。具体来说，就是每个销售人员只要开出300元的保单，就可以得到一定的奖金。这个目标对于绝大多数销售人员来说都不是很难，所以很多销售人员都积极地争取。虽然每次获得的奖励有限，但因为政策是持续性的，销售人员可以不断"积小胜为大胜"，最终就能有很大的收获。这就相当于把一个大目标化解为一系列小目标，将工作难度降低，回报速度加快，从而产生了很好的激励效果。

由此可见，必须准确地判断员工的需要，才有可能选择恰当的目标和诱因满足员工的需要，从而激发员工的工作动机。

第三节 来自满意、期望与目标设置的动力

任何一个组织想要获得持续发展，都要善于激发员工的工作动机，提高员工的工作积极性，这也是组织的管理者要处理的首要工作之一。但是，管理者要怎样做，才能科学地满足员工的需要，有效激励员工呢？

接下来，我们就从提升满意度、改变认知期望和目标设置三种理论入手，分析一下如何通过动机管理激励员工提升工作绩效。

赫茨伯格的"激励－保健"双因素理论

心理学家弗雷德里克·赫茨伯格（Frederick Herzberg）曾在一家工厂从事职业健康研究工作，他注意到，员工对工作中各类因素的感知和满意度会影响工作绩效。为此，他一直想弄清楚一件事：人们究竟想从工作中获得什么？于是，他开始研究当人们感到很满意和不满意时都处于什么情境，由此有了惊人的反常识的发现。

传统观念认为，满意的反面就是不满意，反之亦然。然而赫茨伯格的研究指出，满意与不满意并不是非此即彼的关系。即使去除那些令人不满意的因素，工作也不一定就会令人满意；而即使不存在一些

令人满意的因素，工作也并不一定就使人不满意。这一发现揭示了一个全新的心理学定律：满意的反面是没有满意，不满意的反面是没有不满意。

这个定律的意思是说，满意和不满意并不是同一维度的两极，而是两个不同的维度。据此，赫茨伯格提出了"激励-保健"双因素理论，并指出影响满意和不满意的分别为两类不同的因素：激励因素和保健因素。

其中，激励因素一般包括成就感、认同感、工作本身的价值、责任感及个人成长等。具备这些因素的工作可以令人满意，但不具备这些因素的话，工作也不至于令人不满意。

保健因素一般包括政策、制度、措施、督导方式、人际关系、工作条件与环境、工作安全、劳动报酬等。这些因素处理不当会导致员工对工作不满意，但即使处理好了，员工至多也只是没有不满意而已。

赫茨伯格区分出两类因素，目的是告诉人们：令人满意和防止人不满意是两回事，需要从两个方面入手。提供保健因素，只能防止员工发牢骚，消除不满意，却不一定能激励员工。要想激励员工，就必须提供激励因素，强调成就感、认同感、工作本身的价值、责任感及个人成长的重要性。

这也就能解释一种现象，即有些企业明明待遇不错，工作环境很好，薪水也很诱人，员工却依然没有满意，依然缺乏工作动机，原因就是以上条件只提供了保健因素，并没有提供激励因素。比如前文飞行员恶意返航的例子中，虽然航空公司给飞行员涨了工资，但是没有涨到员工认为应该达到的薪资标准，所以他们不仅不满意，还心生更大的不满，甚至引发恶性事件。企业"放血"涨工资，员工却不买账，反而闹事，损害了企业利益，这成了现代版的"农夫与蛇"的故事。

"激励－保健"双因素理论让我们明白，在职场中，一些工作因素可以让员工满意，另外一些则只能防止员工不满意；工作条件和劳动报酬等保健因素并不能影响员工对工作的满意程度，只能影响员工对工作不满意的程度。满意和不满意并非共存于单一的连续体中，这意味着一个人可以同时感到满意和不满意。

弗鲁姆的工作动机期望理论模型：让员工努力变优秀的三种因素

我们先来看一个案例。

很多年前，一位名叫马力的焊工在一家大型工厂工作，凭借精湛的焊工技术与多年的工作经验，他成了在全厂都排得上号的人物。但是，马力一直很想当文职人员，不喜欢当焊工。不过马力也很清楚，就自己的能力而言，当一个焊接高手并不难，而工厂里的文职人员都是大学生，自己只有高中学历，想当文职人员几乎没戏。再优秀的焊工，也不可能被提拔转岗成为文职人员。为此，马力在工作中经常打不起精神。

对于马力的这种心态，密歇根大学心理学博士维克托·弗鲁姆

（Victor Vroom）给出了精辟的分析。他认为，工作动机是人们对三种因素认知计算的产物，这三种因素分别如下。

第一，一个人需要多少报酬或对于他所从事某项工作的价值估计，称为效价评估。

第二，一个人对于努力所产生的成功或绩效的概率估计，称为概率期望。

第三，一个人对于绩效可以换取所希望的目标实现的估计，称为工具性评估。

以上三种因素与动机的关系可以用公式来表示：

动机 = 效价评估 × 概率期望 × 工具性评估

这就是弗鲁姆提出的工作动机期望理论模型。根据这一理论模型可知，人们之所以做出某种行为（如努力工作），是因为他们对这件事有较高的期望，而这种行为可以帮助他们取得某种结果，也就是具有较高的工具性；并且这种结果对他们而言有足够的价值，也就是有较高的效价。

我们用具体事例来解释这个理论模型。

首先，工作究竟给员工带来了什么？工作积极的一面主要包括经济收入、社会保障、人际关系、福利待遇、才能发挥、成功的机会以及社会地位等；消极的一面则主要有疲劳、挫折、监督、压力、焦虑、冲突以及失业的威胁等。员工对这两方面的内心感受和评价决定了工作的效价。

其次，员工必须表现出相应的行为，才能取得预期的结果。为此，他们必须知道这些行为究竟是什么，以及自己是否有能力做出这些行为，并评估取得结果的可能性，也就是概率期望。

最后，员工必须知道，如果自己完成了工作任务，能否换来个人目标的实现，也就是评估行为结果换取目标实现的工具性作用。

这三种因素的评价是共同起作用的，其中一种因素的评价为零，三种因素的评价的乘积就等于零，员工的动机也就成了零。

我们再用这个理论模型来解读一下前文中焊工马力的案例：马力的工作技能虽然高超，他完成任务的概率期望很高，但是，他对这类技术工种的效价评估很低，他不想当技术人员，想当文职人员。糟糕的是，他对完成好工作以换取成为文职人员的工具性评估为零。结果是，三种因素相乘后，乘积仍然是零，因此他在工作中也就没了干劲。

这样的例子在现实生活中有很多，比如有的企业管理者经常对员工说："大家好好干，年终奖每个人多加 200 元！"这就没有什么吸引力，因为年终奖数额的效价评估太低了，根本起不到多大的激励作用。如果企业管理者提出"如果今年公司的利润翻番，奖金就翻番"，可能也无法激励员工，因为虽然奖金翻番的效价评估很可观，但公司利润翻番的目标概率期望却极小。这也是为什么许多企业管理者都以为高额奖金可以控制员工的行为，最后却遗憾地发现，这种观点并不是总能奏效。

所以，在企业中，并不是管理者设定了目标并发放了工资和奖金，就一定能提高员工的工作积极性。管理者还必须知道员工是如何看待这些目标和物质奖励的，以及他们到底是怎样分析和评估工作的。管理者要管理和激励员工，就必须懂得心理学的知识和方法。

每个人心里都有一杆秤，用以衡量世界的分量和工作的价值。

洛克的目标设置理论：好的目标才有激励作用

许多研究都揭示了这样一种现象：当一份工作具有明确的目标时，它就具有较大的激励作用。20 世纪 60 年代，美国著名心理学家埃德温·洛克（Edwin Locke）提出了著名的激励动机的目标设置理论，这也是洛克最典型的研究理论之一。

目标设置理论认为，好的目标本身就具有激励作用，可以有效地把人们的需要转变为行为动力，使人们的行为朝着一定的方向努力。我们也可以这样理解：好的目标在人们的行为和需要之间架设了一座桥梁，是它决定了我们为什么做、怎么做。

在洛克看来，好的目标之所以能起到激励作用，是因为它使现实和期望之间产生了差距，这就会给人们制造一种紧张感，使人们想要通过自己的努力缩小这种差距。而人一旦产生了想要了解对自己行为的结果和目的的认知倾向后，就会减少盲目的行为，增强行为的自我控制力。同样的道理，如果管理者在工作中能及时给予员工反馈，使其了解工作进展和自己行为的效率，也会具有激励作用，从而提高员工的工作绩效。

既然目标如此重要，那么什么样的目标才是好的目标呢？

根据目标设置理论，好的目标具有四种特性。

1. 接纳性

好的目标应该是执行者能够接纳的目标，如果执行者不能接纳，甚至拒绝这个目标，或者认为这个目标缺乏可行性，那么他就不会产生达成目标的动机，于是他就会因对目标不感兴趣而拖延，或者认定目标无法实现而选择放弃。

要想增强目标的接纳性，一个有效的方法是和目标的执行者共同制定目标。只有这样，执行者才更容易认同目标的意义，也更乐于积极地为达成目标而努力。这一做法不仅在工作中适用，在学习中同样适用。

如果家长想让孩子学习一种乐器，那么就要和孩子讨论为什么要学习这种乐器，学习这种乐器的目标是什么、意义是什么，学习这种乐器会对孩子的生活和未来带来哪些帮助。使目标有了可接纳性，孩子才会更认同这个目标。

2. 具体性

要想更高效地达成目标，就要将目标设置得明确、具体，而不是泛泛而谈。

比如，有的老板给员工开会时，经常对员工说："大家好好干，年底给大家发奖金。"这种说法就非常模糊笼统，因为每个人对"好好干"的理解是不一样的。等到年底，员工问老板要奖金时，老板可能会说："我说好好干才有奖金，你好好干了吗？"

员工说："我好好干了呀！"

老板问："你有什么证据呢？"

员工说："我的业绩提高了 10%！"

老板说："提高 10% 就算好好干？我说的好好干，业绩至少得提高20%！"

这时员工一定很沮丧，因为当初没有明确定义到底什么才是"好好干"，满怀希望地等着年底拿奖金，没想到却是一场空。这就体现出目标具体性的重要性。

人生就是把不确定活成确定。

3. 挑战性

研究表明，只有具有挑战性的目标才能激发人们最大的动机，这样人们才会努力达成目标。目标太容易达成是无法激发人们的潜能的；目标太难，无法达成，也就无法激起人们努力的意愿。只有当目标刚好是人们拼命跳起来就能够到时，人们才会被激发出最大的动机。

4. 给予指导和反馈

在执行目标过程中，还要及时给予指导和清晰的反馈。其中，指导的意思是，在执行者遇到困难、挫折时，要为他提供恰当的方法，帮助他更有效地推进目标进度；反馈的意思是，要随时告诉执行者目标进展的速度和效率。没有清晰的反馈，执行者就意识不到努力会换来成功，也得不到有效激励。

比如，有的员工到年底问老板："我们今年干得还不错吧？"

老板说："什么干得不错？你们才完成了 80% 的任务。"

员工说："啊？那你没有早点告诉我们，否则我们加把劲就能完成所有任务了！"

老板说："可是你们也没有早问啊！"

你看，这就"悲剧"了。

要想实现目标设置的激励效果，上述四种特性缺一不可。只有四种特性共同发挥作用，才能设置好的目标。

以上关于动机与激励的理论在我们日常的生活、工作和学习中都可以运用，也是解释影响人们行为因素的重要法宝。想要对个人或在组织中有效地实施激励，并不是完全满足对方的需要就行了，而是要采用恰当的策略和明确可行的目标，激发对方的积极性和创造性，这样才能调动对方的动机，使对方产生不断前进、高效地攻克目标的动力。因此，不论对于个人还是对于组织管理者，以上内容都具有更深层次的意义。

第六章

动机引发的行为

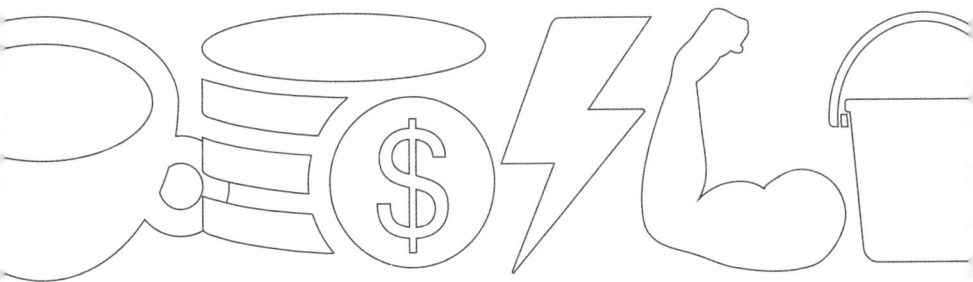

第一节　自律与专注

有这样一个关于自律与专注的心理学实验。

实验人员招募了一批志愿者，将其随机分为两组，一组的任务是做非常简单的计算，另一组任务是做高难度的计算。两组的计算任务都完成后，实验人员又让两组志愿者阅读杂志，他们可以从两种杂志中任意选择一种阅读，一种是时尚休闲杂志，另一种是《读者文摘》。结果发现，之前做高难度计算任务的一组志愿者更倾向于选择阅读时尚休闲杂志，而不是《读者文摘》。换句话说，他们不想再"学"了，而是选择休息。

如何解释这种现象呢？难道是这组志愿者在学习方面不专注、不自律，或者没有学习兴趣，更愿意休闲娱乐吗？

心理学家对此的解释是，如果前面的任务让人付出了太多的意志方面的努力，消耗了太多的心理资源，也就是人脑处理信息或执行任务消耗了太多资源，之后人的自我控制力就会减弱，继而促使人去寻求放松的机会，比如看时尚休闲杂志。这就相当于跑步跑累了，停下来休息一会儿，恢复一下体力。所以，选择看时尚休闲杂志并不是因为他们缺少自律和专注的学习习惯。

当然，要想培养和加强自律、专注的习惯，我们还是需要先了解一下自律和专注。

何谓自律

"自律"一词最早出自《左传》，本意是不用依靠别人的监督，自己就能自觉地遵守法律。

在心理学中，自律是相对于"他律"而言的，即不是被动地靠外部力量约束行为，而是自己主动地约束自己的行为，并按照一定的方式实施行动，实现预期的目标。

古往今来，人们都赞颂自律这种品质，给予了它很高的评价，并大力倡导。比如，唐代诗人张九龄曾写道："不能自律，何以正人？"意思是说，管不好自己，就无法约束他人。宋代文学家苏辙曾写道："朕方以恭俭自居，以法度自律。"古希腊的柏拉图则说："自制是一种秩序，一种对于快乐与欲望的控制。"俄国作家、思想家陀思妥耶夫斯基也说："如若你想征服世界，就得征服自己。"这些名句强调的都是自律的重要性。

古希腊哲学家毕达哥拉斯则说："不能自律的人，不是真正自由的人。"这句话的意思是说，自律是将规则高度内化为个人自觉的行为，这样人就摆脱了外界的监督，实现了精神上的真正自由。

现在的自律是不给未来的自己找麻烦。

大量心理学研究表明，自律是一种优良的品质，具有很多功效。2005 年，心理学家安杰拉·达克沃思（Angela Duckworth）和马丁·塞利格曼（（Martin Seligman）在《心理科学》（*Psychological Science*）上发表的研究报告指出，高度自律的初中学生的平均学分绩点（grade point average，GPA）和考试成绩更高，更有可能被名牌高中录取。他们缺课次数更少，学习时间更多，看电视的时间更少，开始写作业的时间更早，并且他们的自律与各项学习指标之间的相关程度大部分在中等以上。除此之外，还有一点非常颠覆常识，就是自律比智商更能广泛地预测学业目标，且预测的结果更接近事实。

这项研究进一步说明，对于考试成绩和学业成就而言，自律的贡献比智商的贡献更大。所以，学习不怕笨，就怕懒。有很多成功人士的智商水平并不高，但他们普遍都很自律，因此也取得了很高的成就。这同时也提醒我们，学生要想提升考试成绩，很关键的一点就是培养自律性。

不怕不聪明，就怕不自律。

提升自律性的科学方法

自律对于个人的学习和成长具有重要意义，但是，要想提升自律性，我们先要搞清楚一件事，就是自律都涉及哪些心理要素。实际上，自律是一种复合行为，涉及许多心理要素，具体包括认知、情感、动机及其相关的性格要素等，十分复杂。要达到提升自律性的目的，就要从这些要素入手。

1. 基于认知成分提升自律性

自律具有认知成分。自律的人也能认识到自律的重要性，知道自我管理的意义，因此，他们会给自己讲道理，把外在的规则内化为自己的想法。他们属于那种心里有明镜、眼前不模糊的人，做事也是为了自己。

比如，曾国藩从小就坚持读书，养成了一辈子读书的习惯，甚至熬夜背书，背不下来就和自己"死磕"。他并不是被逼无奈才刻苦读书的，而是因为对自己有要求。

由此可以看出，自律就是在自己的内心建立一所学校，教自己做一些让自己和别人都看得顺眼的事情，做一些能让自己成长和成功的事情，不管这些事情现在自己是不是喜欢。学会了自律，我们与成功之间的距离就会越来越近。

为此，我们就可以基于认知成分提升自律性，比如利用逆向思维，也就是在认知上进行分析：如果不自律，会有什么后果？如果不按时完成作业，如果不能如期提交工作报告，如果不能按规定完成绩效指标，将会出现什么后果？我们肯定不愿意承受这些后果。这就是运用思维在想象中构建行动的逆向后果，继而帮助我们更好地回到自律的轨道上来。

2. 基于情感成分提升自律性

自律具有情感成分。自律的人要么会记住因为不自律而吃的苦，要么会怀念因为自律而尝到的甜。有些人因为吃了大苦头而变得自律，他们不想重蹈覆辙；有些人因为养成良好的习惯而形成自律习惯，并运用自律搭建了通向积极情绪的桥梁。

事实上，自律本身就是一种快乐的源泉，破坏自律就会带来痛苦，这种痛苦是无法接受的。比如，最开始学习艺术或体育的孩子，要么是自己喜欢，要么是被家长逼的，但最终能坚持下来的，都是尝到了自律甜头的孩子。

所以，基于情感成分提升自律性，关键就在于热爱。爱上一项活动，自然会全情投入，因为人没有理由拒绝自己热爱的事。而热爱的原因之一，就是从活动中不断获得快乐和成就。

热爱是自律的发动机。

3. 基于动机成分提升自律性

自律还有动机的成分。自律最大的行动体现就是意志力。意志力也一直贯穿于自律行为，是自律重要的心理支撑，也是维系自律行为的有效动力。

在这里和大家分享一个小故事。

有一对夫妻开车带着三个孩子去野外露营。来到营地后，车一停下，三个孩子比大人还忙活，有的铺垫子，有的支帐篷，有的搬东西，不到 15 分钟，所有事情都搞定了。隔壁露营的人非常羡慕，不停地夸赞孩子们自律，说爸爸妈妈把孩子们教育得很好。这时，这对夫妻说："其实很简单，我们规定任务完成后才能上厕所。"换句话说，他们把完成任务设定为一种条件，把上厕所设定为一种奖励，而这种奖励的价值有时就可以激发出孩子们强烈的动力。

通过这个小故事我们可以得出一个结论：家长要善于综合运用行为学习、行为塑造、动机塑造等多种心理学原理，有效塑造孩子们的行为，而自律就是在这个过程中逐渐养成的。

我们在工作中也可以运用这种方法来提升自律性。比如，没有完成手中的 PPT 报告，我们就不去吃饭；不改好这个设计方案，我们就不下班。概括来说，基于动机成分提升自律性，就是要为自己的自律行为找到动力来源。尤其是在培养内在动机时，提高成就动机水平可以让自己更有干劲，自然也就能更好地维持自律行为。如果我们能够坚持下来，熬过最困难的时期，就能收获长期的自律。

心理学家发现，制定一个详细的目标，以及每天完成多少工作的时间表，随后每天用写日记的方法记录自己完成目标的进展情况，这种自我监控的方法就可以有效地提升自律性，并产生多方面的功效，如缓解压力、减少拖延、养成健康的饮食习惯、提升情绪控制能力等。

还有研究表明，定期进行体育锻炼，养成良好的锻炼习惯，也可以提高自律性。

专注是自律的高级表现形式

专注是自律的一种高级表现形式，是一种自我驱动力、自我控制力高度升华的表现。具体来说，专注是指人们的注意力高度集中，全神贯注地聚焦于一点，排除杂念，不受干扰。在这种状态下，人的行为效率极高。无论短时间的注意力保持，还是长时间追求一项事业，专注都提供了重要的心理动力。

奥地利作家茨威格在《从罗丹得到的启示》一文中写了这样一件事：

茨威格和比利时作家魏尔哈仑一起去拜访法国著名雕塑大师罗丹。在罗丹的工作室，罗丹向两位来访者介绍了自己的未完成作品。介绍到一半时，他忽然发现自己的作品上有一处不够完美，于是立刻穿上工作服，拿起刮刀，全神贯注、旁若无人地干了起来，全然忘记了自己身边还有两位访客的存在。直到把自己的作品修改完成后，他才想起身边的访客，这时罗丹非常惊惶地说："对不起，先生，我完全把你们忘记了……"

通过这件事，茨威格说参悟了一切艺术与伟业的奥秘——"专注，完成或大或小的事业时全力集中，把易于弥散的意志贯注在一件事情上的本领"。

可见，专注是一个人走向成功的必备因素之一，它可以让我们自身的状态达到最佳水平。不论做什么事，只有保持足够的专注水平，才能让自己迅速投入状态，在最短的时间内提高做事效率。把这种力量发挥到极致，我们就能真正领悟专注带来的价值，体验到那种很棒的感觉。

既然专注这么重要，我们要如何培养和提升专注力呢？

一个重要的策略就是及时补充心理资源。因为专注是一件极其"烧脑"的事，会耗费大量的心理资源，如果不及时补充，就很难保持专注。

"自我控制力量模型"提出者、社会心理学家罗伊·鲍迈斯特（Roy Baumeister）及其同事做了一个有趣的实验，证明心理资源消耗会使人无法保持专注。

实验人员招募了一批志愿者去做一项非常困难的解题任务，其实这些题目都是无解的，非常耗神。志愿者被随机分为三组，一组直接上来就解题；另外两组则不同，在解题之前，实验人员在志愿者面前放置了巧克力饼干和胡萝卜，并对其中一组说："大家可以随意吃巧克力饼干。"又对另一组说："你们只能吃胡萝卜，不能碰巧克力饼干。"换句话说，吃胡萝卜的那一组必须依靠强大的意志力努力抵抗巧克力饼干的诱惑。

实验最关键的一点是，看哪组志愿者在做那些根本无解的题目时能坚持得更久。实验结果显示，什么都不吃的那组志愿者和吃巧克力饼干的那组志愿者，都可以坚持20分钟左右；而吃胡萝卜的那一组志愿者每个人平均只坚持了8分钟。

为什么吃胡萝卜的那一组志愿者在经历了抵制巧克力饼干诱惑的意志力考验后，会很快败下阵来？

原因就是，前面的意志力付出消耗了他们的心理资源，他们在后面就再也坚持不住了；而另外两组志愿者之前没有意志力付出，后面自然坚持得更久。

这个实验也说明，专注要求人们长期保持意志力的付出，所以保存和及时补充心理资源很重要。

保持专注最简单的一个方法就是休闲放松。尤其是在完成了艰巨的任务后，人们更倾向于选择休闲放松，这是补充心理资源的有效策略。

此外，还要科学分配有限的意志力资源，不要在无关的事情上耗费意志力。有研究发现，决策会消耗意志力资源，每一次决策都是一个意志努力的行动过程。比如，早晨起来穿什么衣服上班，上午先做 A 任务还是 B 任务，中午去哪里吃饭、吃什么，下午先听汇报还是先组织研讨……所有这些决策都需要付出心理资源，消耗我们的意志力资源。这样我们就会发现，到晚上时自己会筋疲力尽，很难再专注了。

以上情况的解决方案就是让自己的日常行为规范化，常规事务要尽可能按照事先计划来执行，减少不必要的决策。学生每周有固定的课表，目的正在于此。

远离诱惑，防止注意力分散

现实中存在很多诱惑，有些非常隐蔽，会在无形中分散我们的注意力，让我们无法专注地学习和工作。

有这样一个关于手机如何分散人的注意力的实验。

实验人员将志愿者随机分为三组：第一组志愿者的手机放在衣兜里；第二组志愿者的手机放在桌子上；第三组志愿者的手机放在另一个房间里。随后，三组志愿者被要求完成同一项认知任务，这项任务需要消耗大量的心理资源，需要自律、专注，以及思维高度集中的认知加工等。总之，它会考验志愿者的大脑执行功能。

实验结果表明，将手机放在另一个房间的志愿者认知任务的成绩显著高于另外两组。这说明，即使我们不看手机，仅仅是把手机放在距离自己较近的地方，无论是衣兜里还是桌子上，手机都会干扰我们正常的认知作业，影响大脑的执行功能。也就是说，手机在诱惑我们，分散了我们的注意力，降低了我们的认知效率，而我们自己却不一定能意识到这一点。

现在，很多人在学习和工作时都习惯把手机放在手边，或者在计算机上打开微信窗口或电子邮箱，实时关注新信息。其实，这些都会严重干扰我们正常的学习和工作，使我们无法保持高度专注。从这个角度讲，一些现代高科技的硬件和软件并非完全帮助了人们，有时反而帮了倒忙。

这也提醒我们，要想更加专注地学习和工作，就要科学地识别诱惑、远离诱惑，防止各种各样的外界干扰，从而使自己可以更加自律、更加专注地做事。

总而言之，自律与专注可以带给我们巨大的改变。当然，养成自律和专注的习惯也不是你下定决心就能实现的，而是需要你通过一点一点改变，在整个过程中逐渐变得自律和专注。正如一个人并不是在下定决心要变强的时刻就能变强，而是有了一次又一次的改变行动，才逐渐变成强大的自己。

第二节　成瘾与脱瘾

　　心理学家做过一个经典的实验：把一根非常细的电子探针的一端插到老鼠脑组织中的一个特殊部位，再将探针另一端连线到一个踏板上。老鼠踩一下踏板，探针就会向老鼠的脑神经发送电脉冲，刺激老鼠大脑内的神经。有趣的是，老鼠一旦发现这个踏板被踩后自己的脑神经就能获得电脉冲刺激，便会乐此不疲地去踩这个踏板，甚至几乎一整天都不停歇，直到实在困了或踩不动了，才稍微停下来睡一会儿，醒来后继续踩踏板。这甚至成了老鼠每天唯一的追求，除了必要的吃喝休息，它什么都不干，一直踩踏板。

　　看起来老鼠好像很愚蠢，日复一日地做着这种毫无意义的事，把每天的生活变得这么单调乏味。但老鼠自己可能并不觉得，因为它们的行为表明，不停地踩踏板可以激活自己特定脑区的神经活动，得到的是一种奖赏，否则它们没有理由把其他事情看得不重要。

　　这说明，在老鼠的脑组织中存在一个特定的脑区，该脑区专门负责对老鼠行为的奖赏。一旦这个脑区被激活，它们相应的行为就会被"奖赏"，并且会被执着地坚持下去。这也揭示了一种神经机制——成瘾。

何谓成瘾

成瘾中的"瘾"有个病字旁，这意味着人们最早认为它是与疾病相关的。实际上，成瘾最初的学术概念指的是药物成瘾。根据世界卫生组织的定义，所谓药物成瘾，是指药物与有机体相互作用形成的一种状态，表现为有机体持续地、周期性地、依赖性地以服用药物的行为来获得某种特殊的精神反应和伴随的躯体感受。

除了药物，人对某些行为也会成瘾，如赌博成瘾、网络成瘾、游戏成瘾、性成瘾等，这些统称为行为成瘾，其核心症状是：明知道这些行为是有害的，却无法控制自己，忍不住做出这些行为。

人之所以对某些行为成瘾是有一定的生物学原因的，其中一个原因是脑神经内分泌系统被激活，释放了一种名叫多巴胺的神经化合物，它可以使人产生快感，因此多巴胺也叫快乐分子，人的欲望和动机就由此而生。如果有些事情或物品刺激了多巴胺分泌，就会使脑神经中的奖赏机制活跃起来，使人对这些事情（如赌博、吸烟、酗酒、游戏、性活动等）上瘾。并且，多巴胺分泌得越多，人就越想不断地得到更多的多巴胺，反之就不会产生兴趣。

通俗地说，多巴胺就好比是大脑给自己发放的令人垂涎欲滴的糖水，使人越喝越想喝，它也像是一种脑神经的自我奖赏作用，是基于本能工作的。比如，当你看到一块奶油蛋糕或一盒巧克力冰激凌时，就会垂涎欲滴，而吃到这些食物让你快乐，就是因为它们刺激了你的多巴胺分泌。每一次多巴胺的分泌都会使你的大脑兴奋、快乐起来，因此你还想吃到这些食物。一旦看到它们，你就会兴奋得管不住嘴，这就是成瘾机制。

成瘾者的心理特征

在生活中，很多人都有成瘾行为。比如，有的人因为痴迷电子游戏而荒废学业；有的人吸烟、嗜酒成性，不但损害自己的身心健康，严重者甚至失去控制而做出伤害他人的行为，事后又追悔莫及；还有的人过于沉迷感官刺激，甚至走上违法犯罪的道路。

这些人可能也会意识到问题的严重性，发誓要从根本上戒除自己的"心魔"，但大多数人依旧深陷其中，无法自拔，结果在不知不觉中让这些成瘾行为毁掉自己。

那么，成瘾者到底有哪些心理特征呢？

我们先来说说酒精成瘾。

心理学家麦凯等人（McKay et al., 2013）调查了北爱尔兰20多所学校的中学生，测量了他们的未来取向（future orientation，意指更在意和专注于未来而不是眼前）。具体的方法是用形容词评价他们是更倾向于采取有意义的、积极的方式，努力考虑未来的结果，还是更倾向于有意识地努力关注当下的、眼前的结果。分析发现，未来取向水平高的人，更不容易酒精成瘾。

换句话说，容易酒精成瘾的人更可能是"朝不虑夕"、及时行乐，而不考虑未来长远后果的人。

但是，"人无远虑，必有近忧"，如果人对未来缺乏长远考虑，只图当下，那么早晚都会遇到麻烦。所以，要想远离成瘾，一个重要的方面就是培养自己的未来取向，凡事从长远处着眼，而不是只图一时之快。

再来说说手机成瘾。

如今，越来越多的人沉迷于手机。2012 年的一项针对 1649 名大学生的调查发现，他们每天会花 97 分钟发短信、118 分钟上网、41 分钟浏览社交媒体、49 分钟发电子邮件、51 分钟打电话。时至今日，这个趋势只增不减。

心理学家詹姆斯·A. 罗伯茨（James A. Roberts）、克里斯·普利奇（Chris Pulling）、克里斯·马诺利斯（Chris Manolis）曾试图分析不同的人格特质与手机成瘾的关系，其实验结果发表在 2015 年的《人格与个体差异》（*Personality and Individual Differences*）上。

实验人员先招募了 346 名志愿者，其平均年龄为 21 岁，基本都是大学生。这些志愿者接受了如下测试：大五人格的开放性、外向性、宜人性、尽责性、神经质，还有物质主义、注意冲动与手机成瘾水平的关系。分析结果表明，注意冲动与手机成瘾水平呈显著的正相关。

什么是注意冲动呢？它是一种无法将注意力集中在当下事情上的心理现象。实验结果显示，当志愿者感到无聊或沮丧时，注意冲动水平较高的人更容易被手机分散注意力。事实上，手机最"贴心"的功能之一，就是为人们提供了一种打发无聊时间的方式。

实验人员还发现神经质水平较高的人手机成瘾水平往往更高；喜怒无常的人比情绪稳定的人更容易沉迷于手机，原因是他们把手机成瘾看作一种修复情绪的方式。

外向性格的人更容易手机成瘾；相反，内向性格的人则更少依赖手机。

此外，物质主义程度高的人更有可能对手机上瘾。这里所说的"物质主义"是指有些人以物质生活至上，强调物质利益的极端重要性，看重物质享受。而手机不仅是一种实用工具，还是物质享受的重要形式，在年轻人的社交生活中发挥着重要作用，所以人们也习惯于把手机当成一种寄托和自我表征。有些人甚至借钱、贷款都要为自己买一部心仪的手机。

然而，开放性和尽责性与手机成瘾却不直接相关，可见手机成瘾并不是必然事件。这也说明一个道理，一个人如果心灵纯净，自然就不易被外界干扰。

找到了手机成瘾的这些相关人格特质，我们就可以对症下药，从打磨相应的人格特质做起，防范和抵御自己手机成瘾。

良好的性格品质是抵御各种诱惑、预防成瘾的心理法宝。

预防成瘾

现代神经学认为，"瘾"实际上是当人沉迷于某种东西到一定程度时，大脑就会发生化学反应。即使人不碰这种东西，神经系统也会向大脑苦苦索要这种东西。近年来的科学研究发现，在成瘾行为过程中，确实出现了大脑功能和代谢改变，并且还存在一定遗传因素的影响。

要想不成瘾，预防最关键。关于预防成瘾的方法，可以参考以下5条建议。

1. 提供全方位的教育

提供全方位的教育，让人们了解吸毒、酗酒，以及沉迷于网络、色情读物等各种成瘾行为的风险。人是有智慧的，也是有认知能力的，只要受过教育，了解相应行为的危害，就会倾向于做出正确的行为选择，规避风险。有研究表明，有些人最初的成瘾是因为无知。所以，预防成瘾，教育先行。

2. 掌握正确的应对不良情绪的技巧

很多人最初成瘾，往往是因为在生活中遇到了困难，无法正确应对，就选择逃避，而各种成瘾的物质或行为就成了他们应对不良情绪的手段。所以，要想预防成瘾，就要掌握正确的应对生活的技巧，比如寻求人际帮助，与父母等亲密的人交流，或者参加体育锻炼和各种艺术活动等，疏解自己的焦虑情绪。总之，通过有效手段应对不良情绪，我们就可以有效地预防成瘾。

3. 专注于感兴趣的事情

可以培养一个或若干个健康的兴趣爱好，把自己的注意力用在发展兴趣爱好上，努力在相关领域获得自我实现，从而排解来自其他领域的不良感受。比如，可以参加各种公益活动，保护稀缺动物和资源。通过这些活动，我们也可以获得生命的意义感和个人的价值感。

4. 建立良好的亲密关系

维系亲情、友情等亲密关系都是预防成瘾的有效手段。其实各种成瘾的共同症状就是个体脱离社会，变得孤独，不与人交往。这说明人在社会适应方面出了问题，这时要主动寻求帮助，经营自己的社会关系。当一个人融入氛围良好的社会关系时，他就能获得抵御成瘾的情感力量。

5. 学会科学地照顾自己

如果能营造一个幸福美满的生活环境，人们自然会保持行为的常态，不会成瘾。因此，学会精心地打理自己的生活，该休息时休息，该娱乐时娱乐，该锻炼时锻炼，保持工作和生活的平衡，就很少有机会染上不良嗜好。实际上，很多成瘾者自己也不喜欢这样，但他们觉得好像别无选择，非常无奈，由此非常消极地选择了被动放弃。

打理好自己的生活，照顾好自己，爱护自己，就是送给自己的最好的礼物。

有效脱瘾

能预防成瘾自然最好，但一旦成瘾，并且这种成瘾行为已经严重影响生活和工作，我们就要及时脱瘾。

接下来以戒烟为例，和大家分享两种脱瘾方法。

1. 提升对痛苦的耐受力或转移注意力

有一类"铁杆"烟民，你劝他戒烟，他就是不戒，理由是吸烟有"好处"。你对他说"吸烟有害健康"，他能举出上百个理由来支持自己的吸烟行为。这种人在认知上往往有根深蒂固的错误，其他人和他讲道理是行不通的。

我接触过一个老烟民，一开始别人怎么劝他，他都不肯戒烟，但最后还是戒了，原因是他身患重病住了几个月院，出院后便老老实实地戒了烟。为什么呢？因为在医院是不能吸烟的。但这并不是重点，重点是他身患重病，要忍受比不吸烟还痛苦的病痛，他把精力都用在对付重病上了，根本没心思吸烟。

这就是动机冲突的一种类型：当一个人面对比吸烟更糟糕的事情时，他别无选择，只能接受现实。这也是被动戒烟的一种方式，用俗话说就是"不见棺材不落泪"。

还有一类人，年纪很大了就是不肯戒烟，但生活中一旦发生某件事，比如家里有了孙子、孙女，为了下一代的健康，他们什么事都愿意做，更不用说戒烟了。

这是动机冲突的另一种类型："两利相权取其重"。你是要孩子的健康，还是要自己吸烟的快感？虽然他们仍然觉得吸烟让自己很快乐，但现在为了孩子的健康，就必须戒掉这种让自己快乐的习惯。这就是被动自我教育的结果。

除此之外，还有一类人，他们在认知上接受吸烟是不健康的，甚至有损名誉，但仍然改不了这个习惯。其实他们自己也想戒烟，只是抵御不了诱惑，这种矛盾心理时刻折磨着他们。在这种情况下，一种有效的戒烟方法就是先使用替代品，再逐渐戒烟。

以上几类人都有一个共性，就是他们在不能吸烟时都会产生非常难耐的痛苦，这也是他们无法下定决心彻底戒烟的一个直接原因。针对这种情况，一种方法是提升他们对痛苦的耐受力，让他们在某种场景下体验更大的痛苦，这就会让他们知道，相比之下，忍受戒烟的痛苦并不算什么，"两弊相权取其轻"。渐渐地，他们就能忍受戒烟的痛苦，最终成功戒烟。

罗得岛州普罗维登斯市巴特勒医院成瘾研究主任理查德·布朗

（Richard Brown）和他的团队就试验了这种戒烟方法，具体步骤是，在一个特定环境下，每次让戒烟者戒烟数小时，同时让他们在这期间开展一系列有相当强度的体育锻炼。这时，戒烟者的注意力就会转移到需要强大意志力的、更考验耐力的运动上，其对吸烟的需求就会大大减弱。

这种方法并不回避吸烟，而是告诉他们，虽然戒烟会让人难受，但比这更难受的事情你都能忍受，那么不吸烟也是可以做到的。结果表明，几周后，约半数吸烟者都成功戒烟。

对于另一些人，吸烟不过是他们的一种生活习惯，比如有人习惯性地在餐后、工作间隙、喝咖啡时点上一支烟。这时，这些生活场景就成了他们吸烟的一个信号或线索，甚至和吸烟捆绑在了一起。在这种情况下，只要设法解绑二者，就可能成功戒烟。比如，在餐后或工作间隙固定做另外一件事，如弹琴、打乒乓球等，总之就是想办法用其他事情占用自己的双手和注意力，让自己无暇顾及吸烟，吸烟的习惯就会慢慢改掉了。

2. 逐渐减少对成瘾物品的依赖

杜克大学的心理学家罗伯特·希伯利（Robert Shibley）还推荐了两种戒烟的方法。一种方法是让吸烟者在想吸烟的时候使用假烟，这样他吸的烟中就没有尼古丁，几周后，真烟与"尼古丁奖励"之间的条件作用会逐渐消退，吸烟行为就会失去意义。

另一种方法是给想戒烟的人提供逐渐降低尼古丁含量的香烟，比如先降到 1 毫克，再降到 0.4 毫克，每周减一档，直至最后完全不含尼古丁。就像正常人并不需要吸烟、不需要尼古丁一样，他们也会逐渐恢复常态，戒掉对尼古丁的依赖。

以上戒烟的方法也适用于网络成瘾的脱瘾。现在很多人，尤其是青少年，对网络、手机游戏成瘾，我们可以换个角度来思考人们为什么会对网络、手机游戏等成瘾。

1981 年，心理学家布鲁斯·亚历山大（Bruce Alexander）、罗伯特·柯姆斯（Robert Coambs）、帕特里西亚·哈达韦（Patricia Hadaway）在《药理学、生物化学与行为》（*Pharmacology Biochemistry and Behavior*）上发表了一篇文章，报告了一个"老鼠天堂与地狱"的实验。所谓"老鼠天堂"就是一个五六平方米大小的住所，里面温度适宜，有吃有喝，有玩有乐，雌雄搭配，可以满足老鼠的任何需求。同时，实验人员还在"老鼠天堂"里放了两种饮用水，一种是普通饮用水，另一种是加了吗啡的药水，老鼠喝了药水以后会头晕目眩，四肢不稳，身体晃动。实验发现，在"天堂"里的老鼠并不愿意喝药水，即便在药水中加入大量的糖，也无法让老鼠成瘾。而与之形成鲜明对比的是"地狱"中的老鼠，那里环境极其恶劣，脏、乱、拥挤。实验发现，"地狱"中的老鼠更喜欢喝药水，以至于最终成瘾。

这个实验证明，在正常的生活环境中，当各种需求都得到满足，老鼠处于幸福快乐的状态时，是不会对某种异常的物质成瘾的。随后的实验发现，如果在"老鼠天堂"里只放药水，老鼠别无选择时，只能喝这种药水，慢慢也会成瘾。然而，如果随后放上普通饮用水，老鼠可以随意选择，这些老鼠就又会慢慢主动地喝普通饮用水，从而戒掉喝药水的习惯。

这个实验结果表明，人之所以会对某些不良事物成瘾，是因为对自己的生活不满意，生活环境中存在一系列让他们痛苦不堪的事情，他们选择以某种方法来逃避现实。这就解释了各种不良行为的来源，同时也揭示了有效脱瘾的办法。

从本质上讲，人也好，动物也好，并不会对药水有天生的喜好，真正的成瘾是心理成瘾。一些孩子迷恋网络游戏，往往说明他们生活环境中的某些方面出了问题。比如，父母关系过于紧张，家庭生活不愉快，学校生活不能让他们开心，在学习中体会不到快乐，与同学关系不好，和他人有无法化解的矛盾……处于发育成长期的孩子，认知能力和抵抗能力都很有限，如果出现上述问题，他们就会在其他地方寻找逃避的方法。虽然遇到处理不了的问题时他们也会选择逃避，但他们本质上是热爱生活的。如果父母能避免上述问题出现，或者在问题出现后能及时帮助孩子解决上述问题，为他们提供良好、健康、快乐、友善、充满关爱的环境，孩子是可以脱瘾和回归常态的。当对生活环境的满意度提升，孩子自然会主动远离不良嗜好或者提高戒除不良嗜好的成功率；否则，无论父母怎么呵斥，甚至打骂孩子，都无济于事。

成瘾是一种病态，它和生活环境的病态不无关系。改善生活环境，提升生活环境质量，是有效脱瘾的关键之一。

让人热爱的生活环境是有效脱瘾的法宝。

积极成瘾

人们往往认为，成瘾意味着一种病。成瘾表现为人们对某些行为痴迷，原因是由此可以得到某种奖赏。根据这个原理，人们也可以对好的行为痴迷、成瘾，因为好的行为同样具有奖赏作用。事实上，人们的确会对好的行为上瘾，比如酷爱学习就是对学习上瘾，"工作狂"就是对工作上瘾，痴迷一样乐器就是对音乐上瘾，热爱运动就是对体育上瘾，喜欢烹饪就是对做饭上瘾……这些都属于积极成瘾。

当然，有些人会觉得积极成瘾比较困难，这其中主要的原因是，一些积极行为的结果是有奖赏作用的，但追求积极行为的过程可能是辛苦的，这常常令一些人望而却步。因此，积极成瘾的一个关键就在于，要把追求积极行为的过程也变得具有奖赏性。

就以做饭为例。有些人无法对做饭成瘾是因为他们觉得做饭很麻烦，对这个过程感到厌烦。因此，把这个过程变得具有奖赏作用，就可以积极成瘾。

《射雕英雄传》中的黄蓉为什么能做一手好菜？因为她真的是发

自内心地喜欢做饭！她的武艺并不算上乘，但她做饭的手艺可谓在众人之上。她在做饭的过程中总能自得其乐、自我欣赏。她享受做饭的过程，她在其中有钻研、有创意、有各种大胆的尝试、有各种不同的组合……一切奇妙的变化都掌握在她的手中。她沉浸在这个过程中，感到这是人生的一大幸事。而她的做饭成就也得到了周围人的赞赏，这更使她的成就感和自尊心"爆棚"。这些都成了她做饭成瘾的原动力。

积极成瘾通常有这样一些特征：你自觉自愿地去做，不需要依赖他人，并相信这些行为对你自己的身心健康有价值，你乐于坚持下去，享受其中，也收获成果；成果的大小、意义完全取决于你自己的界定，而不依赖别人的评价。在这个过程中，你能自我接纳、自我欣赏。

可以说，积极成瘾就是建立一种良好的行为习惯，让自己活得开心，觉得自己就是那个理想的自我。它对我们的身心有很多好处，而且这些好处可以扩散到整个生活当中。

良好的行为习惯使人生活无虑；积极成瘾令人生活愉快。

总之，成瘾属于一种奖赏机制，可以理解为人们通过反复使用精神活性物质或反复进行产生某种后果的冲动行为，获得放松、愉快、兴奋等积极情绪体验，即使意识到危害也难以自控。要想远离成瘾，就要创造预防成瘾的条件。一旦不小心成瘾，则要采取科学的方法来让自己脱瘾。当然，成瘾也有正向、积极的一面，就是让自己保持良好的行为和心态。积极成瘾不但于人无害，还会让人体会到生活的幸福和人生的价值。

第三节　环境与行为

行为主义心理学家认为，人的许多行为是由环境决定的。我们生活在环境中，总会不知不觉地受到环境的影响，按照环境的要求做出相应的行为。比如，在大街上，如果我们看到别人走得很快，往往也会随大流，跟着一起走得很快。

同时，一些社会规范、习惯等也会影响我们的行为。比如，在进入图书馆时，大家都会自然而然地轻手轻脚、轻言轻语；再如，老师在课堂上讲课时，学生不能随便走动、大声喧哗。在一些特殊场合，如婚丧嫁娶的场合，我们也会随着现场的气氛，不知不觉地调整自己的心情和行为。

这些因环境影响而做出的行为具有重要意义。遵循这些社会规范行事，我们就会得到环境的接纳，而不会给自己招来很多麻烦。换句话说，这些行为规范都是社会预设好的行为范本，我们无须过多思考，只需要学习和遵守，按照环境要求去做就行了。这也是"知书达理"的表现之一。

但是，有些时候，环境对人的行为的影响并不关乎社会规范，更多的是人与环境之间微妙的关系。

下面我就介绍几种由人与环境之间微妙的关系引发的行为。

人们都希望做自己的主人，但很多时候是"环境的奴隶"。

破窗效应

破窗效应最早是由美国政治学家和犯罪学家提出来的，荷兰心理学家则给出了一组确凿的实验证据，该结果于 2008 年发表在著名的《科学》杂志上。其中一个实验是这样做的。

实验人员找了一个商店密集、每天都有络绎不绝的顾客的购物区，购物区沿墙有一个自行车停放区，顾客可以在这里停放自行车。有一天，实验人员把停放区沿街的墙面刷得干干净净，还挂了一个警示牌，上面写着"禁止乱涂乱画"。另一天，他们把这个沿街墙面涂抹得乱七八糟，但同样挂了那个写着"禁止乱涂乱画"的警示牌。在这两种情况下，实验人员都趁车主不在时，在每个自行车车把上夹了张小广告卡片，自行车的周边也没有垃圾箱。随后，实验人员暗中观察人们取车时的反应：是将小广告卡片收起来，还是随手扔在地上或是夹在别人的车把上。

结果发现，相比于刷得干干净净的墙面，如果满墙涂鸦，人们更容易把小广告卡片直接拿下来扔在地上或者夹在别人的车把上。这就是破窗效应的一种体现。人们下意识地觉得，反正墙面已经这么脏乱了，地上再多点垃圾也没什么关系。于是，乱糟糟的墙面环境诱发了乱扔垃圾的行为。

根据破窗效应，纽约市曾进行了市容大整顿，清理垃圾污垢，清理满墙涂鸦，结果发现，街头巷尾的不良行为明显减少。

从众效应

社会大环境可以影响我们的心理和行为，同样，我们在环境中接触的人群也会影响我们的心理和行为。

一个著名的社会心理学实验就揭示了这样一种有趣的现象：在乘坐电梯时，人们进入电梯后会倾向于朝一个方向站立。为了验证这一现象，实验人员让一位志愿者走入电梯，当他发现其他人都背对着门，脸朝里面站着时，他就按照同样的方向站立。但在电梯运行过程中，其他人都 180° 转身，将脸转向电梯门方向站立，于是志愿者也随之 180° 转身，将脸朝向电梯门的方向，否则他就会感觉很别扭，显得"不合群"。这就是从众效应。

在实验中可以更稳定地观察到从众效应。心理学家穆扎菲尔·谢里夫（Muzafer Sherif）就曾对芝加哥大学的学生做了一个实验：他让实验人员把一些互不认识的志愿者带入一间黑屋子里，这间屋子的墙上有一个光点，实验人员会让被试盯着这个光点看一会儿，然后问他们：是否觉得光点的位置发生了移动？如果移动了，请估计一下移动的距离大约有多少厘米？结果，多数人都说光点移动了；而对于移动的距离，有人说是两三厘米，有人说是十几厘米，差别很大。随后几天，实验人员反复让大家做这个实验，结果发现，志愿者会自动调整自己的答案，数值过大的会变小，数值过小的会变大，大家说出来的距离越来越接近，最终大家达成一个一致的意见。

事实上，墙上的光点一直都没有移动，只是处于黑屋子环境中的志愿者失去了参照，无从判断，由此产生了一种错觉，这种错觉叫作"似动现象"。这时，从众效应就会发挥作用，促使大家获得一种确认感：大家都知道自己的答案不准确，于是就从外部寻找参照。此时其他人的答案便提供了一种参照，从而影响了个人的判断。

当然，这种做法可能是不理性的。群体参照干扰了个体的独立思考的理性，所以，我们需要警惕这样的事情发生，不要"人云亦云"。

孤独是一种紧致的自由，合群是一种放任的约束。

螃蟹定律

很多人喜欢吃大闸蟹，因为它的味道鲜美，而且大家也都听说，阳澄湖的大闸蟹非常出名。有一年的 10 月末，我去苏州开会，会场就在太湖边，当时正好是吃大闸蟹最好的时节。在去会场的路上，我就问出租车司机："太湖的大闸蟹和阳澄湖的大闸蟹相比，哪个味道好？"

出租车司机是个"老江湖"，很快就滔滔不绝地给我解释起来。其中有一句话引起了我的注意，他说："其实对你们这些不懂大闸蟹的人来说，随便给你们一只，你们也吃不出优劣，而是觉得它还不错！"

司机的话虽然是为当地的大闸蟹辩解，但确实说出了一个很重要的心理学原理，我把它称为"螃蟹定律"。它的意思是，对于某一个领域、某一个方面、某一个事物或某一个产品（或者用数学方式来说，对任意一个集合中的任意一个元素）来说，当我们不掌握充分的信息和缺少参照体系时，就无法建立一个完整的评价体系，因此也就无法对其中任意一个个案做出好坏优劣的评判。

这并不是一个单纯意义上的鉴别力问题，而是我们没有一个可靠的测量方法和尺度。更关键的是，螃蟹定律反映的现象并不是人们面对不确定信息所表现出来的选择焦虑，而是人们很满意，甚至有点自以为是。

在现实中，人们很容易忽略这一事实并贸然做出判断，甚至是非常武断的判断。这是一种无知，但人们又不知道自己无知，于是也容易导致行为的盲目和低效。

螃蟹定律效应在现实生活中比比皆是。比如到医院看病时，别人随便给你推荐一位医生，你既不知道他的诊疗水平，也不了解患者对他的真实评价，这时就很难判定这位医生能否帮助你很好地解决问题。更关键的是，你不知道是否有更好的医生、更好的诊疗方案能帮助你解决问题。为此，你可能只能以医生的职称、头衔、年龄等作为参照，判断哪位医生更能为自己带来满意的治疗方案。因为你更愿意相信"姜还是老的辣"，所以会觉得，主治医师固然好，但副主任医师应该更好，主任医师应该更胜一筹，知名专家应该更好了。

再如听报告、听讲座时，如果你从未涉足某个领域，如历史、哲学等，在听到有人讲中国先秦历史或者古希腊哲学时，你可能觉得他讲得头头是道。对于他讲的评价性内容，你也觉得很有道理，因为你自己从来不了解如何分析相关的内容。但问题在于，你并不知道他讲的内容是否具有真实性、全面性、重要性，也许他只是讲了一些外行或普通大众觉得有趣但远离学术核心的故事；你也无法判定他的评价是否合理、专业或科学，因为你缺乏一个系统的参照体系来进行鉴别，只能凭借自己的新鲜感知做出自认为满意的评价。但如果你之前听过一个更好的讲座，或者对这段历史、这部分哲学内容有过更全面的了解、分析和评价，可能会发现这个人讲得并不好，或者失之偏颇。换句话说，有了参照体系，才能通过对比更有效地识别优劣。

我国著名数学家陈景润，当年因为在证明哥德巴赫猜想的研究中取得了重大进展，举世瞩目。《光明日报》发表过一篇整版的报道介绍陈景润和他的工作状况，其中有这样一段文字：

> 陈景润的工作是在当时证明了，一个足够大的偶数能够表达为一个奇素数和另外两个奇素数的乘积之和。这离哥德巴赫的"1+1"猜想只差了一步，也就是一个足够大的偶数可以表达为两个奇素数之和。

这篇报道激发了全国数学爱好者，特别是青少年的极大兴趣和研究热情，很多人跃跃欲试，说自己已经证明了哥德巴赫猜想，并把自己的论文寄给陈景润。据说，当时陈景润收到的稿件装满了很多麻袋。

这也是螃蟹定律的一种表现。如果你完全不了解某个领域的整个研究体系和论证模式，就无法鉴别到底什么是好的方法，什么是真正的解决方案，由此便天真地认为自己提出的所谓证明方法是正确的、合理的。事实上，这种方法可能完全不对。

所以，我们要有敬畏之心，对自己不熟悉的领域和环境要慎重地做出评价和判断。我们总会遇到自己不擅长的知识或事物，想真正了解这些知识和事物，提高解决问题的效率，就要努力克服螃蟹定律，时刻记住"知之为知之，不知为不知"，尤其要"知道"自己不知道。在进入一个不熟悉的领域或环境，陷入信息缺失的不确定性情境时，更要记住：谦虚谨慎、虚怀若谷是防止自己陷入盲从而幼稚的行为误区最好的"护身符"。同时，我们还要积极收集尽可能多的信息，建立起参照体系和评价体系，做到胸有成竹，心中有数。

不是知道自己知道，而是知道自己不知道，才更有可能成为人生赢家。

地缘性格

国家也同人一样，会表现出一种群体的性格，这种现象被称为国家性格。比如，大家都觉得法国人很浪漫，英国人很绅士，德国人很严谨，意大利人热情奔放，这些都是对国家性格的描述。在现实生活中，个体也会以自己国家的性格为模板，展示出相应的性格，这就形成了地缘性格间的差异。换句话说，一个人的性格会受到地缘性格的影响。

地缘性格的形成有很多复杂的原因，有句老话说"一方水土养一方人"，意思是气候、水土特点等地理因素影响了人的性格。这是有一定科学依据的。地缘性格也解释了来自不同地区的人为什么会有不同的性格。比如，我国幅员辽阔，南方与北方、东部与西部地区的人的性格就有很大的差异，甚至在一个城市的不同地区，人也有很大的差异。

我的研究团队做过一项项目，对我国 50 多个城市的群体性格进行测试，该成果于 2017 年发表在《自然·人类行为》(*Nature Human Behaviour*) 上。测试结果表明，不同城市的人的性格是有显著差异的。有趣的是，在控制了经济发达程度、产业结构、迁徙、教育水平、流行病、耕作模式等因素后，能够解释这种性格差异的最大原因竟然是气候。

实际上，气候也是城市形成的一个重要决定因素。人们都是择地而居，不同地区的人的性格与当地气候有着密切的关系。比如，在22℃这个相对宜人的温度下，人们有更多的户外活动，因而人的性格更温和、更外向、更开放，人们也更有机会去探索环境中的新事物，从事的工作也比较多而复杂，责任感更强。这就再一次说明了气候可以对人的性格和行为产生影响。

值得注意的是，很多人可能并不认识法国人，也没有几个英国朋友，更不熟悉德国人的生活，那么对于法国人的浪漫、英国人的绅士、德国人的严谨等印象都是从哪里得来的呢？

答案是从固有的成见中得来的，这种固有的成见则来自媒体的各种宣传与报道。

我曾经参加了一个大型国际研究团队的一项研究，对全球49个国家和地区的人群进行了测试，该研究结果发表在2005年的《科学》上。这项研究发现，人们关于国家性格的判断并非来自当地人群的性格平均值，这便证明了国家性格中存在成见。

其实，人们对自己所在的国家和地域的典型性格和行为方式都有某种认知，并且认为，按照这种认知行事，更容易体现自己对当地的认同，也更容易被当地人群接纳。这也从另一个角度说明了地缘性格对人的心理产生的影响。

在现实生活中，我们周围的人可能来自五湖四海，也会表现出非常不同的地缘性格。因此，了解地缘性格对我们解读身边人的行为习惯并与之和睦相处有着十分重要的现实意义。

人并不能完全按照自己的主张行事，而是受到环境这一无形的大手的指挥。

生存方式

传统生存方式也是影响人类行为的重要因素。不管是农耕文明时期的人类，还是狩猎文明时期、捕鱼文明时期的人类，其思维方式和行为习惯都是有差异的，其饮食习惯、劳作习惯也有所不同。有研究表明，相对狩猎文明时期的人来讲，农耕文明时期和捕鱼文明时期的人更善于合作、协同，更强调集体主义精神，更能从整体的相互关联的角度去看待事物。原因是农业耕作、大海捕捞等活动都更依赖大群体的协同合作，需要对大环境进行分析和系统的考量。这项研究成果于 2008 年发表在《美国国家科学院院刊》（*Proceedings of the National Academy of Sciences of the United States of America*）上。

传统生存方式的另一个影响是使人们更多地依靠家庭、村落或部落，因为任何一个人靠单打独斗都很难在恶劣的原始环境中生存下来，并且人们还要繁衍后代，增加劳动力的数量。在这种情况下，人们的家庭观念、家族观念会比较强，人在思考问题和行事时也会更多地考虑大家庭的利益。

然而，在现代高科技文明发达的后工业时代，工作方式发生了巨大变化，人们更多的时候是独立外出工作，完全可以自食其力，这就使人们对家庭、家族的依赖越来越少。这样的大环境发生改变，甚至会使一些人选择独居、不婚、不育。在这种情况下，生存方式对人类行为的影响就会逐渐变小。

文化价值观

关于文化价值观，心理学将其定义为一群共同相处的人一致约定和认同的理念和行为方式。它是人们习得的一类知识，并以此来指导自己的行为，所以也是行为的动力和约束力。

比如，人们会用文化价值观来解释一些行为的善恶、美丑、优劣等，或者以此来判断事情的轻重、主次、缓急，有时还会据此来决定推崇什么、摈弃什么，或者赞扬什么、反对什么，或者接近什么、远离什么。所以，文化价值观也很有效地解释了为什么不同国家和地区的人在思维方式和行为模式上会有显著的差异。

荷兰的社会学家冯·特姆彭纳斯（Fons Trompenaars）总结的 5 个维度可以帮助我们更好地理解前面所谈的差异。

1. 普遍主义和个别主义

普遍主义强调，规则是普适的，任何人在任何条件下都要遵守规则，例如"红灯停，绿灯行"，个别主义则主张规则虽然是必要的，但具体的决定和行动还要看实际的情景。例如"法外施恩"，这就解释了为什么在有些文化中，有的人会认同因为着急而做出插队的行为。

2. 个体主义与集体主义

个体主义倾向于将自己看作独立的部分，更看重的是自己或少数亲密家人的利益；集体主义则强调个体是群体的一部分，人们会更看重群体的利益。这个维度就解释了为什么有的人只顾自己、不顾他人，而有的人则会先人后己、先公后私。

3. 中性与感性

中性文化强调情绪不轻易外露，感性文化则强调情绪通常不可以隐藏。这个维度解释了为什么有些地方的人内敛含蓄、喜怒不形于色，而另一些地方的人则热情奔放、激情洋溢。

4. 精确与弥散

在精确文化中，个人空间与公共空间是相对独立的；而在弥散文化中，个人空间与公共空间高度融合，或者没有清晰的界限。同时，在精确文化中，同事之间上班时友好相处，下班后却很少联系；而在弥散文化中，人们如果在工作中是关系融洽的同事，那么下班后往往也会是好朋友，私下会有比较频繁的来往。这个维度就解释了为什么有些地方的人在公共场合会循规蹈矩，而另一些地方的人在公共场合依旧我行我素。

5. 成就与归属

成就的文化强调努力和成就决定了一个人的社会价值，归属的文化则强调关系和阶层对个人社会价值的重要性。这个维度可以解释为什么有的地方习惯以"成败论英雄"，而另一些地方更看重人际关系。

以上这些文化价值观的各个不同维度可以有效地解释为什么不同的人会有不同的体验和行为。这在全球化时代尤其重要，因为拥有不同文化价值观的人在一起工作，很容易产生价值观的冲突，这都是由他们的思维方式和行为习惯不同造成的。

人从一出生就开始接受社会的"洗礼"，浑身也刻满了自己所处的社会文化价值观的印迹。随着社会的发展与进步，环境对人类的影响方式也在不断变化。了解这些变化与影响，对于我们在社会中更好地生存、发展，具有极其重要的意义。

每个人都戴着社会的面具，披着文化的外衣。

第七章

心理资本

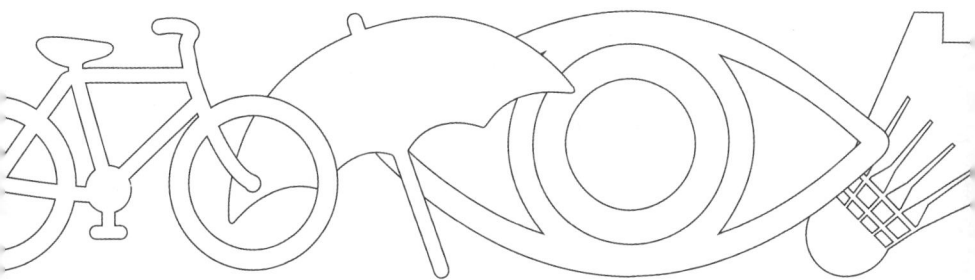

第一节　何谓心理资本

心理资本这个概念是由著名学者弗雷德·路桑斯（Fred Luthans）最先提出的，他还著有《心理资本》一书，几年前我和学生一起翻译了该书的第 2 版。他在书中讲到了前文酒店的故事。

路桑斯是一位"双料学者"，既是管理学家，又是心理学家。在大学期间，他同时修了管理学和心理学两个专业。他与知名心理学家阿尔伯特·班杜拉（Albert Bandura）是校友，所以也一直推崇班杜拉的社会认知理论，认为人的行为是由认知、环境、人与环境的互动共同决定的。路桑斯也是在主流管理学期刊上发表论文最多、理论和观点被引用最多的学者之一，因此入选了美国国家科学院名人堂。他还作为第一代组织行为学家把心理学应用于组织行为学的管理。他游历全球五大洲，考察各地的文化与管理，推动了东西方管理学的交融与发展。

路桑斯提出心理资本这个概念的背景是 21 世纪初动荡的世界大环境，当时的世界遭遇了恐怖袭击、超级海啸、金融危机，经济萧条、企业倒闭，人心惶惶，想要在这样一个不安的时代存活下来，就必须具备强大的心理力量，而心理力量就来自心理资本。

正如路桑斯所说，心理资本是指个体具有的一种积极的心理发展状态。它不同于人力资本和社会资本。人力资本是指"你知道什么"，即你掌握了什么技能和才干；社会资本是指"你认识谁"，即你拥有哪些人际关系，有哪些可用的社会关系网络；而心理资本是指"你是谁"，以及"你将能够成为谁"。相比于人力资本与社会资本，心理资本显然具有更大的动力驱使人们迈向目标，实现梦想。

如果你觉得心理资本这个概念还比较抽象、不容易理解，那么我再举个例子。

下面是一个人一生的履历表。

7 岁时，他和家人一起被赶出居住的地方，而他必须出去工作，养活自己和家人。

9 岁时，他的母亲不幸去世。

22 岁时，他经商失败，一贫如洗。

23 岁时，他竞选州议员，但落选了，同时他还丢了工作。

24 岁时，他向朋友借了一笔钱再次经商，但再次破产。

25 岁时，他再次竞选州议员，这次命运终于垂青他，他当选了！

26 岁时，在他即将结婚时，未婚妻病逝，这给他造成了巨大的打击。

27 岁时，他的精神完全崩溃，卧病在床 6 个月。

29 岁时，他争取成为州议员的发言人，但没能成功。

31 岁时，他争取成为选举人，但失败了。

34 岁时，他参加国会大选，又失败了。

37 岁时，他再次参加国会大选，命运第二次垂青他，他当选了！

39 岁时，他寻求国会议员连任，又失败了。

40 岁时，他想在自己所在的州担任土地局局长，但被拒绝了。

45 岁时，他竞选美国参议员，又落选了。

47 岁时，他在共和党全国代表大会上争取副总统提名，但失败了。

49 岁时，他再度竞选美国参议员，也再度落败。

51 岁时，他终于当选为美国总统！

55 岁时，他再次当选为美国总统！

56 岁时，他遇刺身亡。

这就是美国第 16 任总统林肯的一生（《林肯全传》）。从以上履历表中可以看出，林肯的一生大多时候都是失败的，但他却屡败屡战，对自己、对未来始终抱有希望和信心，努力战胜困难，为自己争取机会。这也使他最终当上了美国总统，并成为美国最伟大的总统之一。

林肯表现出来的就是强大的心理资本。具备这种心理资本的人总是对自己拥有信心，对未来抱有希望，这也使他们在困难面前从不退缩，坚韧不拔、乐观积极地面对生活中出现的坏事与好事，不忘初心地勇往直前。而最终，他们也会获得属于自己的成功。

有心理资本的人用自己发出的光照亮自己的路。

第二节　心理资本的 4 个要素

心理资本是一种高层次的心理结构，路桑斯认为，它包含 4 个要素，分别为希望（hope）、自我效能（efficacy）、韧性（resilience）和乐观（optimistic），如图 7-1 所示。之所以把这 4 项作为心理资本的构成要素，是因为一定的理论和研究已证明，它们能被有效地测量，还可以被改变、开发或提升，而不是固定不变的特质，而且它们对人的心理和行为，特别是绩效，还具有积极的影响。这 4 个要素的英文单词首字母组合起来刚好是 HERO，即"英雄"。增加心理资本就能使我们成为自己内心的英雄。

图 7-1　心理资本的 4 个要素

接下来，我就分别介绍路桑斯对这 4 个要素的界定和相应的改善方法。

希望

"希望"这个要素大家听起来都很熟悉，但它的心理学定义和在日常生活中的概念是不一样的。在日常生活中，我们对希望的定义是憧憬某一个未来的目标，期待它能够实现；而心理资本中的希望是对目标意志坚定，并采取灵活路径来达成目标。概括来说，心理资本所定义的希望有两个重要特征：一个是意志努力，即你是否具有坚强的意志付出努力来达成这个目标；另一个是路径灵活，当一条路走不通时，你是否会灵活地采取其他策略，最终达成目标，让希望变成现实，而不是化为泡影。

在现实生活中，遇到困难或感到无法搞定就退缩，就放弃追求，其实就是缺少希望的表现，也就是对实现结果或达成目标不抱希望。比如，有些销售人员始终无法搞定一个客户，或者工作多年也得不到晋升，或者发现同事不愿意合作甚至给自己拆台，或者发现公司项目进入关键时刻时核心人员却离职了……在这些情况下，他们就很容易放弃希望，陷入绝望。

要解决这个问题，我们就可以从意志努力和路径灵活两个方面入手，让自己重拾希望。其中，意志努力是指发挥一种主观能动性和自主性；路径灵活则是指尝试多种手段，执着而不固执，强调行为的有效性。这两个方面体现了陷入绝境而不绝望、坚持到底最终战胜困难的重要心理品质。

举个例子来说，有一个工厂想开发一款新产品，但他们连员工的工资都快发不出来了，更不要说花钱进行研发、采购零部件和原材料了。这时，厂长向集团总部反映，希望得到总部的支持，殊不知总部根本看不起这个工厂，觉得它没什么发展前景，于是百般推脱，让厂长自己想办法或者找员工集资，再不行就去找其他机构投资。

但是，厂长并没有绝望。他的一个老同学在一家银行的当地分行做经理，于是厂长就找老同学帮忙。可是，当老同学知道他的来意后，并不愿意帮他，甚至推脱不见；他打电话，对方也不接。这时，厂长仍然没有绝望，而是想到了一个老同学无法躲开的地方——家里，他居然跑到老同学家里去做家政，在人家家里擦地、洗衣、做饭、收拾屋子，总之什么都干，这让老同学拿他一点办法也没有。但通过这件事，老同学也看到了厂长的决心和信心，觉得把钱贷给这样的人、这样的企业，应该错不了。最终，厂长如愿以偿，拿到了银行贷款，让工厂起死回生。

从这个案例可以看出，这位厂长就是一位从不绝望、对生活充满希望的人。一方面，他很有意志力，不达目的不罢休；另一方面，他的脑筋不僵化，思维很灵活，会尝试各种路径，想尽一切办法说服对方。因此最终他达到了自己的目的。我们也可以说，希望是连接过去和未来的桥梁。

这也提醒我们要思考一个问题：到底是把过去活成未来，让未来的自己一直沉溺于过去，还是把未来活成过去，让自己不断开辟新的篇章？希望就是用来帮助我们处理过去和未来的关系的，它提醒我们要把过去看作对未来的积累，把未来看作可以塑造的变化。如果不能正确地处理过去和未来的关系，我们就容易陷入绝望。未来的意义就在于：它毕竟还在未来，毕竟还不曾到来，所以一切都有希望。我们不能因为对过去不满意就给未来判"死刑"。

不怕一无所有，就怕一无所求。

著名心理学家马丁·塞利格曼做过一个让他享誉学术界的习得性无助实验。在实验的第一个阶段，实验人员把一只狗关进笼子里，只要蜂鸣器一响，笼子就开始对狗实施电击。这让狗非常"抓狂"，但无论它在里面怎么跳、怎么躲，都无法躲避电击。渐渐地，狗便放弃尝试、放弃挣扎，无论遭受怎样的电击，它都"逆来顺受"。甚至一听到蜂鸣器响起，还没等电击开始，狗就已经趴在地上哀鸣、颤抖了。

到了第二个阶段，实验人员改变了场景设计，蜂鸣器响起时，实验人员会把笼子打开，看狗能否主动逃出笼子，躲避电击。但可悲的是，由于狗在第一阶段遭受了无法躲避的电击，现在即使有机会躲避电击，它也放弃了逃跑的机会，仍然在笼子里无奈地忍受着电击。只要一听到蜂鸣器响起，它就倒地呻吟。

塞利格曼把这种现象称为"习得性无助"，也就是绝望。而绝望的本质就是基于痛苦的过去来给未来判"死刑"，将放弃努力的行为合理化。

要想避免这种习得性无助，首先就要具备意志力，绝不轻易放弃；其次要不断尝试可能的方法，寻找摆脱困境的路径，即灵活的手段。因为过去的路径不能决定未来的路径，未来永远都是有希望达成目标的。无论过去遇到什么困难，那都是过去，未来则正在等待你去改变。虽然你无法改变过去，但是你可以塑造未来。

关于过去和未来的关系，中国传统文化有很好的解读，如"苦尽甘来""否极泰来"等。这些都是中国式希望，都是相信未来会更好。

值得注意的是，希望可以是梦想，但不能是幻想。希望是基于可实现的目标，幻想则是毫无依据的空想，是虚无缥缈的海市蜃楼。幻想的最大危机在于，人们在费尽心力而一无所获的时候，才理解幻想的欺骗性，因而也会陷入绝望。

无论缺什么，也不要缺梦想；无论有什么，也不要有幻想。

路桑斯曾经对上千名员工和经理人进行测验，发现那些希望水平较高的人，绩效较高，工作满意度更高，工作幸福感更高，集体凝聚力也更强。可见，希望有着重要的意义和价值。

那么，我们怎样做才能提高自己的希望水平呢？

这里给大家一些具体的建议。

1. 设定目标

在每一个特定的生活阶段，为自己寻找或树立一个令人振奋的或者觉得活着有意义、有价值、可达成的目标。这个目标一定要合理，不能遥不可及，但又要有一定的难度，让你觉得值得为之付出。

更重要的是，这个目标一定要有灵活性，允许失败，但又要让人相信：只要努力，最终总能达成。比如登山，只要你努力尝试，总能登顶，但不是每一次尝试都能成功，也不是每一条路都能走得通。你需要努力尝试，更需要灵活调整策略，一次失败了，就要为下一次的挑战做足准备。这样的目标才会使你学会接受失败，但永不放弃追求。

2. 不要回避

要提高希望水平，就要防止目标陷阱。所谓目标陷阱，是指这个目标的设定是未来回避出现的某种结果，如"不要跌倒""不要失误"等，这些都不叫目标。目标是指你可以通过若干次失败换取最后的成功。比如，可以把"不要跌倒"替换为"要学会走路，不管跌倒多少次"；把"不要失误"替换为"要击中靶心，不论失误多少次"。这时失败就有了意义，也会成为成功必经的步骤。

牛顿说过，如果你问一个善于溜冰的人怎样获得成功，他会告诉你："跌倒时，爬起来。"这就是成功。

所以说，真正的目标不是回避什么，而是去接近什么、尝试什么、实现什么，去真正取得一些成果。

以我们熟悉的跳高运动为例，运动员每次跨越一个高度，都是一次新的成就，而运动员的目标就是不断向着更高的目标迈进，而每一个目标、每一次成就的背后都会有很多次的尝试和失败。但是，如果运动员的目标是不要失败或者连续 3 次不要失误，那么一旦失误，目标也就失败了。这就不叫目标。目标应该是不断向上提升所跳的高度，这时运动员就会一直有希望，不论失误多少次、失败多少次都不重要，重要的是努力跨越每一个新的高度。真正的目标是向上争取，而不是向下回避。或者更通俗地说，目标是在眼前，而不是在身后。只有正确地制定了目标，才能一直心怀希望。

3. 借助仪式与习惯

在具有挑战性的目标达成过程中抱有希望，有时还是很困难的，应对它的一个有效策略就是把努力变成一种习惯，让习惯成自然、习惯成力量。这样，习惯就可以减少意志力付出，减少不必要的反复决策。

习惯的另一个作用是避免人们受到其他事物的干扰，从而更容易地达成目标。比如，很多父母因为工作忙碌没有时间陪孩子，几乎把所有时间都投入在工作上，实际上，如果他们给自己一个合理的目标，并养成一个习惯，如每周六"雷打不动"地陪孩子，可以一起玩游戏、听故事、读书、看电影等，总之就是用这段时间高质量地陪伴孩子，那么，他们就有足够的理由拒绝其他事务的干扰，因为他们不能对孩子爽约，孩子失望的眼神就是对他们最大的惩罚。这样，他们就为坚持自己的目标找到了一个最有力的理由。

4. 寻求资源和支持

心理学认为，人的心理资源总量是有限的，如果消耗了大量心理资源，又得不到补充，人会很容易陷入绝望。因此，在消耗意志力的努力中，我们还要不断地为自己寻找新的资源，使自己获得支持，为自己及时补充心理能量，保持稳定的希望水平。

资源的补充可以来自个人的自我调整，如必要的休息、获取新知识等；也可以来自社会关系，如同伴的支持、家庭的支持、上级的支持、偶像的支持、社会的支持等。总之，寻求资源其实就是动员你的各种力量来支撑你的希望，让你的希望水平得到提高。

霍金有句名言："活着就有希望。"事实的确如此。不论我们为什么活着，心中都要有希望。只有心中存有希望，我们才会不断地努力、不停歇地奋斗。

自我效能

自我效能是指人们对于自己是否有能力采取某种行动，并通过行动达成目标的信念。

这一概念最早是由著名心理学家班杜拉提出来的。班杜拉发现，在很多时候，一个人的成就并非与能力直接相关，而是与他对自己能力的信念相关。只有当一个人相信自己有某种能力并发挥出这种能力的时候，才有可能达成目标；如果一个人不相信自己的能力，那么即使本来行，最后也会变得不行。换句话说，很多时候不是你不行，而是你不相信自己能行。

比如，大学生练习助跑跳远，女生一般能跳 3 米多，男生多数可以跳到 4 米多。但是，如果换一个环境，想象自己正站在山崖旁，前面有一个 3 米多宽的断崖，下面是 10 米多的深沟，你还敢跳吗？恐怕大多数人是不敢再跳了。为什么在平地上可以轻松跳过的距离，换到高空断崖上就不敢跳了呢？因为害怕了，不相信自己能行，结果就真的不行了。

在一些常见的户外拓展活动中，有一个项目叫断桥跳跃——架设在空中的木桥中间断开 1 米多宽，要求人们单脚跳过去。这就是在考验一个人的自我效能感。很多人都不敢跳过这个 1 米多宽的断桥，这也意味着他们的心理效能感很弱，面对这样的情形会自己吓唬自己，并且越想越害怕，最终就退缩了。

再如，我的右胳膊曾经被拉伤，当时连使用鼠标都很困难，更不要说刷牙了。我就想，要是能用左手刷牙就好了。起初我不相信自己左手能刷牙，但我还是决定试一试，结果出乎我的意料：我完全可以用左手很好地刷牙。

现实生活中还有很多这样的例子，而我们不去尝试，就是因为我们不相信自己能行。这也使我们和很多成就失之交臂，错失良机。

试想一下，如果苏炳添不相信亚洲人也能百米跑进 10 秒大关，那么他就不可能坚持下去，刻苦训练，实现梦想。

如果袁隆平不相信水稻亩产能超过 1 500 千克，那么他就不可能在水稻培育上花费一辈子的时间。

如果埃隆·马斯克（Elon Musk）不相信火箭可以回收再利用，那么他就不会去做相应的研发，历经多次失败而最终成功。

如果医学家不相信人类可以移植动物的心脏，就不会去研究相关技术，为人类成功移植猪的心脏。

…………

所以，我们都太小瞧自己了，没有意识到自己具有很大的潜能，这也导致我们面对困难时常常畏惧不前，缩手缩脚。这时候，培养和提升自我效能感就十分重要，它很可能会改写我们的人生，提高我们的生命质量。像李白说的那样："天生我材必有用。"

没有人生而英勇，但我们可以选择无畏。人生就好比是在大海中航行，要相信自己能够驾驭风浪，否则，理想就会化为空想。正如班杜拉说的："要相信自己，那样就能最大限度地接近理想。"

人与人之间的区别不在于平凡与伟大，而在于信念与努力。

既然自我效能感对于我们的成就与成功这么重要，那么要怎样提升自我效能感呢？

路桑斯提到了许多方法，我在这里给大家重点推荐其中 3 种策略。

1. 基于认知重构，树立信念

自我效能感是基于客观的自我评价建立合理的目标预期，并绘制达成目标的认知地图。也就是说，我们要在认知上做足功课。

比如，你要完成一项产品开发的任务，就要认真评估任务的难度如何、关键环节在哪里、最大的困难是什么，你需要查询哪些信息、查阅哪些文献、请教哪些有经验的人士、与哪些潜在用户交流，还要准确地表述这款产品应该是什么样子的……在这一认知加工过程中，你思考过目标，象征性地表达产品的功能和使用场景，继而明确自己要采取哪些行动，最终才能有步骤地达成目标。在整个过程中，你都要内心踏实，有条不紊，对自己充满信心。

2. 逐渐熟练，获得成功

俗话说："熟能生巧。"成功的经验可以增强人的信心，让你不断获得阶段性的成功，这也是提升自我效能感最有力的强化剂。同时，信心也能提供更多的内驱力，提高成绩，由此形成一个螺旋式上升的循环。

所以，我们一方面要相信"只要功夫深，铁杵磨成针"，投入足够的时间不断练习，自然能到达成功的彼岸；另一方面，我们要相信让成功来得及时的策略，是把大目标按照时间顺序或不同类型化解为一系列小目标。

比如，我们在练习毛笔字时，就要先练习各类笔画、偏旁部首，把这些练熟之后，再练字的间架结构。间架结构又可以按照左中右、上中下、内外等不同类型分别练习。让每一个小目标都一步步达成，就是对自己最好的激励，你在看到自己不断努力取得的成果后也会更有信心。

将大目标与小目标有机结合，同时不断努力，就能一步步获得成功。

3. 观察和模仿

有时候，我们直接尝试做一件事的成本会很高，但通过观察和模仿进行学习就可以大大降低失误风险，避免挫败感影响自我效能。

一般观察和模仿的对象有两类，一类是观察杰出人士如何为人处世，模仿他们的言谈举止，这是一个成功的捷径；另一类是模仿周围与自己比较相似的人，如果你能观察到他们取得成功的方式，就会产生"既然他都行，我也能行"的想法。想象自己参照榜样的行为获得成功的行为，可以起到类似于"把未来拉进现实""将未来在现实中预演"的作用，从而让你信心大增。

北京冬奥会单板滑雪冠军苏翊鸣从小就特别崇拜那些滑雪名将，将他们视为自己的偶像，还经常仔细研究、学习他们的比赛视频，模仿他们的滑雪方法，并要求自己向偶像看齐。他相信这些偶像能做到的，自己也能做到。这种想法给了他很大的信心。后来他在赛场上与这些偶像同台竞技时，也是无所畏惧，展现出了超人的绝技。

只要我们能够坚持执行以上3种策略，就能提升自我效能感，活出不一样的自己。

再平凡的人生也都是绝版，不要活成别人的复制版。

说到这里，也许有人会问："我们到底应该多才多艺，还是应该'百通不如一精'？哪种情况下的自我效能感更强呢？"

举个例子，假如你精通音乐，在音乐方面很自信，但并不意味着你在体育方面也很自信；或者说你擅长体育，在体育方面很自信，但不意味着你在绘画方面很自信。换句话说，自我效能感是非常具体的，也是针对特定领域的。即使在某个领域内，你擅长其中一个项目，不等于也擅长其他项目。比如在体育领域，你的射箭技艺高超，不等于你滑冰技艺也高。这就意味着，你在某个领域的某个技能方面有很强的自我效能感，不一定也意味着你在这个领域的其他技能方面同样具有很强的自我效能感。这也是为什么班杜拉不太偏好"自信"这个词，而是偏好"自我效能感"，就因为每一种效能都是指完成某个特定任务的信念，不可以盲目扩张。因此，自我效能感有别于一般的情感和态度，它是对自己具体能力的合理的认知评价。

但是，自我效能感可能会存在累积效应。如果你在某个领域内做得很成功，在第二个、第三个领域也一样很成功，那么你在第四个领域内进行尝试时就会更有信心。相反，如果你在第一个领域内成功了，但在第二个、第三个领域内都失败了，那么你在第四个领域进行尝试时可能就会怀疑自己。

这也告诉我们，多才多艺的人其实积累了更多方面的自我效能感，因此对于学习新领域的知识也更有信心。不过，这与"百通不如一精"的说法并不矛盾。你掌握了不同领域的知识技能，让自己的知识面更宽广，同样也可以在其他若干领域内深度钻研，学得更加精深。也就是说，你可以在"精"和"通"之间达到平衡，不会顾此失彼。何况有些时候，不同领域的学习是相通的，比如绘画和书法就有一定的相通之处；声乐和钢琴之间的学习也并不矛盾；如果你会骑马和跳芭蕾舞，那么在学习滑雪时也会有更好的平衡感。

由此可见，我们常说的知识渊博，其实就是同时在纵向（精深方面）和横向（广博方面）提升了自我效能感，让二者达到平衡。这也是我们达成目标、追求成功的一个上上之策。

韧性

纵观历史，许多被人铭记的成功人士都具备一种共同的心理品质——韧性，他们一次又一次身处逆境，屡战屡败，却又屡败屡战，越挫越勇。北京冬奥会自由式滑雪女子空中技巧冠军徐梦桃就说："过去的 20 年，我只做对了一件事——因热爱而坚持，因梦想而坚定。"正是这种韧性支撑着她熬过了漫长的艰辛岁月。

路桑斯将韧性定义为：从逆境、矛盾、失败，甚至积极事件、进步和更多的责任中恢复的能力。所谓恢复，不仅是回到原来的状态，还是通过不断适应，超越以往，获得更大的发展。从这个意义上讲，逆境就是成功的跳板，可以促使我们不断成长。

我们也可以把韧性理解为弹簧的弹性。根据力学原理，在一定的范围内，将越大的力量施加给弹簧，弹簧的弹性就越强。人也是如此，人一旦有策略地适应了一个又一个逆境，也会得到锻炼，学会战胜挫折的方法，变得越来越强大。

我国古代先贤孟子就说过："天将降大任于是人也，必先苦其心志，劳其筋骨……"我们想要成就伟大的事业，必须经历逆境的考验和锻炼，任何一个人都不可能随随便便成功。

当然，我们是不喜欢逆境的，因为它会给我们带来痛苦。但是，"玉不琢，不成器"，被逆境敲打锤炼是我们成长之路上必须经历的环节，逆境给我们带来的也是在成长过程中获得与众不同的成就所必需经历的考验。而能够经受得住这种考验的品质之一，就是韧性。

通过上面的陈述，我们可以得出有韧性的人的特点。首先，有韧性的人不惧怕压力，不回避失败，他们更崇尚这样的信条："人无压力轻飘飘。"他们敢于拥抱压力，认为抗住压力才能更好地检验自己、考验自己、锻造自己。因此，他们也特别注重在一点一滴的生活中锻炼自己，在修炼中不断成长。在他们看来，平凡其实是伟大的同义词；伟大是从平凡中熬出来的。

那些有韧性的人，尤其是运动员、军事指挥员、研发人员等，他们会接受"胜败乃兵家常事"这样的现实，认为失败是难免的，是成功的"孪生兄弟"，甚至是成功的一部分。当然，为了尽可能地减少失败次数，他们也会更加努力，信奉"平时多流汗，战时少流血"的至理名言。

同时，有韧性的人也很理解痛苦，擅长"化悲痛为力量"，将痛苦转化为一种向上的动力，让自己更坚强、更勇敢地面对生活。从某种意义上讲，他们更善于在失败和痛苦中学习，不断提升自己，让自己可以更好、更迅速地恢复过来，甚至超越过去，得到成长。

用泪水浇筑的坚强胜过钻石。

无论在学业中还是在工作中，无论在体育竞赛中还是在科技攻关中，人们都需要韧性这种品质。有了它，人们才能承受住挫折的压力，并且越战越勇。因此，我们必须端正对待人生经历的认知，积极地培养和提升韧性。

关于如何提升韧性，我给大家提供 3 种策略。

1. 增加投入

心理学家安·马斯滕（Ann Masten）认为，任何可能带来积极结果的行为都值得投入，同时也应该投入。它包括人力资源的投入、社会资源的投入和心理资源的投入。

我们可以用弹簧床垫策略来理解韧性的投入策略。曾经有一个弹簧床垫厂家推出了一款非常结实的床垫，床垫即使被大象踩过，也依然结实，而另一个厂家让压力机压过自家生产的床垫，床垫同样完好无损。

为什么这些床垫都有这么好的韧性呢？

因为床垫中装有足够多的弹簧，而每一个弹簧都足够强韧有力。

这也说明，想要提升自己的韧性，就要像弹簧床垫那样，不断丰富自己的内涵，增强自己的抗压能力。

2. 管理风险

正确对待风险的策略不是回避风险，而是适当地经受风险，增强抗风险的能力，这就像我们常说的挫折教育。

在现实生活中，越是历经沧桑的人，韧性越强。在工作中，为了提升自己的韧性，我们可以通过工作预览、挂职锻炼、内部创业或者做经理助理等方式，让自己尝试各种风险，并承担起相应的责任，让自己在各种压力条件下得到充分的锻炼，由此自己也会变得越来越有韧性。

3. 加强运动

在生活中，培养一两项运动爱好也能提升韧性。生活有时并不是一分耕耘，一分收获，可能是十分耕耘，一分收获，甚至十分耕耘也看不到收获。面对这样的现实，需要我们具有更强的韧性，而体育运动可以很好地诠释这一切：在运动过程中，我们付出的汗水、泪水经常要比收获多得多。

总之，在现实生活中，任何回报都不会是零风险、零付出的，我们必须学会增加投入、管理风险、加强运动，在大风大浪中不断成长，这样才能培养和提升自己的韧性，有助于我们达成目标，实现梦想。

运动是坚韧的代名词。

乐观

在讲乐观之前，我们先来做个小测试，请你回想一件自己过去成功的事情，再回想一件自己过去失败的事情，然后检查一下自己是如何解释这两件事情的。

- 仔细回想整件事情的经过，找出是什么因素导致这件事情的成功或失败的？
- 在做这件事情的过程中，你都采取了哪些行动或措施？
- 你当时是怎么想的？你为什么要采取这些行动或措施？
- 你为这些行动或措施付出了多少努力？你的努力产生了什么效果？为什么有的有效，而有的无效？
- 你当时受到了哪些情境因素的影响，遇到了哪些支持或干扰？
- 你觉得在整件事情中，是你个人的努力更重要，还是情境的支持或干扰因素更重要？
- 你认为成功或失败是由你个人造成的，还是由情境造成的？

仔细写下以上事情的过程和你的分析，看看自己是如何解释事情的成功和失败的，由此就能判断你是一个乐观的人，还是一个悲观的人。

一提到乐观，很多人马上会想到自己对未来积极、乐观的预期。对此，心理学家指出，不同的人会形成不同的预期风格，而不同的预期风格又会导致人们出现乐观或悲观的态度，因为预期背后的解释方式是不同的。

心理学家塞利格曼提出了一种观点，认为人们能否做出乐观的预期，取决于人们如何解释过去、现在发生的，以及未来会发生的一个积极或消极事件的原因。不同的人也会有不同的解释风格。有人习惯于把好事归因于个人的、永久的、普遍的因素，而把坏事看成由外界的、暂时的、特殊情境的因素决定的，这种人更倾向于做出乐观的预期。相反，有的人会倾向于把好事解释为是由外界的、暂时的、特殊情境的因素决定的，把坏事则解释为是由个人的、永久的、普遍的因素导致的，这种人就更倾向于做出悲观的预期。

通俗地讲，那些乐观的人习惯于把好事往自己身上揽，而把不好的事看成由和自己无关的外界因素造成的，这有利于他们保持积极的、肯定的心态；悲观的人则更像是拿不好的事来折磨自己，最后也很可能真的变成"倒霉蛋"。

举例来说，在工作中，一个项目成功了，乐观的人会认为这是用自己的学识和不懈的努力换来的，因此他会为此感到自豪；悲观的人会觉得这只是运气好而已，是各种资源发挥作用及很多人努力的结果，和自己关系不大，或者认为这次的成功只是偶然。

但是，如果一个项目失败了，乐观的人会认为这没什么特别的，自己可能对相关的规律认识不足，有些方面努力还不够，或者思考得还不够缜密，只要总结经验，从头再来就行了，并且因为有了之前的经验，他们反而对未来更有信心；相反，悲观的人则觉得，没有比自己更倒霉的人了，自己无论怎么努力都搞不定，自己胜任不了这样的工作，这样的悲剧还会重演，人生就像一场又一场的噩梦……由此也变得自暴自弃。

心理学家的研究表明，乐观有很多积极的功能，其主要包括以下几个方面。

- 乐观的人心理和生理会更健康，遇到问题时更能处事不惊，更懂得享受生活，同时不断学习和成长。他们善于从纷繁的信息中找到使自己快乐和有价值的内容，善于汲取教训，拥抱变化，应对挑战，创造美好的未来。

- 乐观的人更渴望机会，但又不纠结于机会。他们清楚，人生中有很多机会，有些机会自己可能会失去，但总有些机会自己会得到，而且有些机会比另一些更有意义。不论有多少机会，其实最关键的还在于自己能否抓住重要的机会。

- 乐观的人通常会摈弃那种"机不可失，时不再来"的绝对观念，坦然地面对得与失。他们知道，人不能太贪，不能想让所有机会都归属于自己，所以也能够从容面对过去的失误，积极地期待未来。

- 乐观的人不纠结于过去，而是会展望未来，因此也能更加洒脱地面对人生，让一切该结束的皆结束，让所有应开始的都开始。他们坚持该坚持的，放弃该放弃的，拿得起，放得下，赢得起，也输得起。这样的人生没有包袱，他们可以更加轻松豪迈地走向未来。

- 乐观的人会更加正确地对待自己，有能耐却不妄自尊大，再平凡也不妄自菲薄；自己看得起自己，有多少本事做多少事，有多少能量发多少光；做好自己，活好自己，即使被别人当成一粒尘埃，他们也会活成让自己感动的一首诗。

中国传统文化其实早就参透了对乐观的认知，如我们所熟悉的"福祸相依""塞翁失马，焉知非福""得即是失，失即是得"等。这些生活中的规律都让我们看到，凡事看得开，才能更淡然地面对失败与挫折。而真正的乐观，是虽然经历了无数的挫折和失败，却仍然相信生活中存在美好可期的未来。这种乐观主义精神也让我们相信，最困难的时候往往才是最接近成功的时候。只要不放弃希望，积极预期，并努力迎接当下的挑战，不拘泥于一朝一夕的得失，不沉湎于一时一地的失败，放手一搏，就会拥有更好的未来。

回首过去是一种感慨，拼在当下是一种姿态，赢得未来是一种气概。

那么，我们怎样才能让自己更乐观呢？

美国心理学家科克·施奈德（Kirk Schneider）提出了变得乐观的3种策略。

1. 宽恕过去

宽恕过去不是说否认过去或推卸责任，而是积极地总结过去的经验教训，以有效的方式做到更有担当。比如，明确过去的成功和失败的事件中有哪些是由环境造成的，哪些是由自己造成的。如果失败是由环境造成的，以后如何设法规避，改变环境；如果失败是由个人造成的，就想办法改变自己，调整策略，争取资源，实现目标。

2. 感谢现在

任何一个人能够走到今天都不容易。任何事物也都有正反两面，就像一张纸总有两面一样，我们要善于一分为二地看待问题，摈弃非黑即白、非胜即败的思想，让自己在一个更广阔的情景中理解自己的能力和机会。一个夜晚不会因为没有月亮就变得更美好或更不美好，关键在于你如何解释，就像俗话说的"知足常乐""比上不足，比下有余"，要学会感谢自己、感谢生活、感谢世界。

3. 抓住未来

乐观的人永远相信未来会更美好，也会扬长避短，并且不断提升自己的能力，弥补自己的短板，更好地把握未来。其实对任何人来说，未来都是一个未知数，这个未知数到底是什么，取决于每个人今天付出了多少努力。所以，我们要学会通过成功肯定自己，通过失败磨炼自己，不断重新定义逆境，提升自己永不气馁、战胜挫折的信心和决心。

没有只有赢的世界，只有不怕输的世界。

以上构成心理资本的 4 个要素通常都是共同发挥作用的。对个人而言，它们可以帮助我们维持心理健康，重建自信，提升生活质量，促进身心的和谐发展；对组织而言，它们可以增强组织的凝聚力，提升士气，同时促进员工心理健康，降低管理成本。

可以说，无论个人还是组织，要想在现代社会激烈的竞争中求得生存和发展，心理资本无疑都将成为其发挥无限潜能的源泉，也将决定其可以在社会上实现多少价值。就像莎士比亚所说的那样："如果做好了心理准备，一切准备都已经完成。"